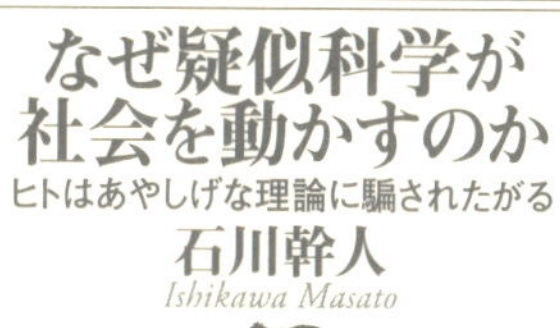

なぜ疑似科学が社会を動かすのか

ヒトはあやしげな理論に騙されたがる

石川幹人

Ishikawa Masato

PHP新書

なぜ疑似科学が社会を動かすのか

ヒトはあやしげな理論に騙されたがる

石川幹人

Ishikawa Masato

PHP新書

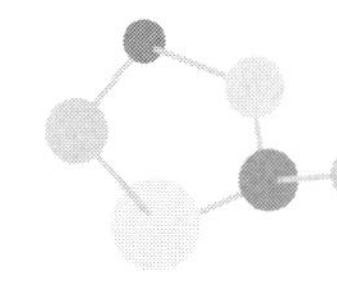

序章

人間は生まれながらの疑似科学信奉者

信じる者は救われる

私は大学で疑似科学を題材に**科学リテラシー**を教えている。科学リテラシーとは、科学的な研究方法を理解し、科学とその成果に対して適切な態度をとれる技能のことである。文明社会では、市民がみな身につけていてほしい基本的な技能となっている。

これを聞きつけて取材に来るメディア関係者の多くが、「どうして疑似科学のような根も葉もないことをみな信じるのでしょうかね」などと質問してくる。この質問には、「根も葉もないことはふつう誰も信じない」という前提があるのだが、この前提のほうが違っている。人間には、根も葉もなくとも信じたいことがよくあるのだ。たとえば、

「きみの肩にある星形のアザは勇気の印だ」

などと言われれば、気分がいい。とくにそのアザに劣等感を抱いていた少年の場合には、なおさらである。

星形のアザと勇気の間にはなんの関係もないのは、科学を論じるまでもなく当然のことである。しかし、「かつて部族を救った勇者にも同じ形のアザがあった。きみはその勇者の生まれ変わりだ。生きとし生ける生命はみな生まれ変わっているのだ」などと語られると、信憑性（しんぴょうせい）も上がってくる。

劣等感のもとであったアザは、部族のみなから認められたという名誉とともに、優越感の源（みなもと）に転じていく。言われた少年は、本当に部族のために働く勇者になるかもしれない。

たとえ、根も葉もない架空の物語であっても、人間に対してさまざまな効力を及ぼす。個人の人生を好転させたり、社会への大きな貢献を促すまでになったりもする。逆に、個人に

とっても社会にとっても否定的な影響力をもつこともある。物語の力を軽んじてはいけない。疑似科学とは、科学の装いをもった現実描写の物語である。科学の装いによって信憑性を上げている巧妙な物語なのである。

しかし、だからといって信じてはいけないわけではない。個人や社会にとって意義があるのならば、信じておくのもよい。

ただ、そうした物語を「科学である」と誤解して信奉してしまう面は、疑似科学の大きな問題点である。疑似科学を信奉することで、科学まで誤解しかねないからである。文明社会の成立には、科学が大きく寄与している。人々が科学を誤解すれば、社会の運営にも問題をきたしてしまうだろう。

だから、疑似科学信奉の問題は、科学の問題でもある。そこでまず、人類の歴史をさかのぼって、科学について理解を深めておく必要がある。

狩猟採集時代を生き抜くために「法則」が生まれた

一万年前よりも昔の先史時代、人類の祖先は二百万年もの長きにわたって狩猟採集をいとなんでいた。食料を求めて移動しながら、一〇〇人程度の小集団で自給自足の生活を送っていた（注1）。

そうした生活の中で脳が進化し、知能も高度化した段階に至り、人類は身の回りの法則性を発見するようになったにちがいない。

採集対象の植物は、木の実と根菜である。遠目に見れば実り具合がわかる木の実に対して、根菜を適切な時期に掘り当てるのは難しい課題だ。しかし、何度か成功と失敗を繰り返していくあいだに、規則的なパターンが見出せる。

「花が咲き終わり、茎が枯れ、三昼夜して掘るとおいしいイモがとれる」

という具合だ。もちろん品種や地域によって若干の違いはあるだろうが、だいたい安定した法則として有効である。そして、この知恵を集団で共有すれば、さらに役に立つ。厳しい生存競争の中で、知能が発達した人類が優位なポジションを確保できたのは確かだろう。

これが原初的な科学である。

経験にもとづいた試行錯誤によって規則的なパターンを見出し、それを法則として仲間に伝える、まさに科学の原型である。

さて、ここでもうひとつ重要な点を指摘できる。それは、法則は間違っていてもたくさんつくって実行に移したほうが、生存競争において有利だということだ。間違った法則にのっとって地面を掘るとおいしいイモはとれない。しかし、おかまいなしに掘ってもおいしいイモはとれないので、結局どちらでも同じである。つまり、失敗は常につきものなのであって、正しい法則を見つけられれば儲けもの、ということだ。

こうして人類は、過剰に法則をつくるようになったのだ。進化生物学の言葉で厳密に表現すれば、過剰に法則をつくる人が現れた集団が食料調達能力を向上させ、その集団が生きのびる確率が高まったのである。

これが疑似科学信奉の起源である。

生きのび続けた集団の末裔(まつえい)である私たちも、過剰に法則をつくる傾向性をひきついだ。規則的なパターンらしきものを見出し、その知恵をなるべく早く仲間に伝えようとする衝動を、私たちの多くがもちあわせている。

すなわち、科学と疑似科学はともに先史時代に発祥したのだ。

掟に使われる精霊や悪魔

科学的な法則の発見が日々の狩猟採集に利用されていたのに対して、疑似科学のほうは社会の秩序の維持、とくに掟(おきて)の表現に積極的に使われたと、私は推測している。

「山向こうの池には獰猛(どうもう)なネッシーが棲(す)んでいる」

このように人々に伝承しておけば、怖がって誰も池には近づかないだろう。あたかも、過去に多くの先人が池に行き、ネッシーを目撃したり被害にあったりしたかのように伝えるのだ。反復して確認されたパターンとして表現されれば、科学的な事実として把握される。しかし、池に近づいてはいけない真の理由は、他の部族のなわばりに侵入するからなどの、別の理由だ。真の理由を隠し、恐怖などの人々の感情を利用して掟を表現すると、より効果的なのである。

精霊なども活用できる。

掟に従わせるために、精霊を活用する

イモを早く収穫してしまうと小さくておいしくないが、もしかしたら腹をすかせた若者がこっそり食べてしまうかもしれない。そこで「イモには精霊が宿っており、熟さぬ前に掘り起こすとその精霊が怒って悪魔に変身する」などとしておけば、掟に従わせるのが容易になる。

論理的な説明よりも、感情に訴える物語のほうが人々を操作しやすいので、この種の戦略的な表現加工が政治の場でもよく使われている。政治の失態を隠し、近隣の民族をさげすんだり、憎らしい敵としたりするのもその一例だ。これがときとして戦争の原因にもなる。

幸いなことに、人類は疑似科学を信奉するという傾向性とともに、疑似科学を暴(あば)こうとする懐疑(かいぎ)の傾向性も身につけている。その中で、徹

底して疑似科学の撲滅（ぼくめつ）運動をするまでになると、その人物は「**懐疑論者**（スケプティックス）」と呼ばれる。

全般に本書は、この「懐疑の方法」を伝授する趣旨のもとに書かれている。とはいえ、懐疑論者に至るほどまで徹底することなしに、社会で意義ある疑似科学には一目おくという姿勢を保つようにしている。

なお、政治の戦略的表現を懐疑し、それを陰謀（いんぼう）であるとして暴く人々を**陰謀論者**という。これも疑似科学を暴こうとする懐疑の現れだろう。しかし、徹底した陰謀論によると、科学的な事実も陰謀とされる面があり、新たな問題をひき起こす。

典型的な陰謀論に、アポロ計画による月面着陸はアメリカ政府によるでっちあげだ、という主張があるが、これは行き過ぎだろう（注2）。

適度な懐疑論、適度な陰謀論が望まれるところである。この観点は6章で深めていく。

科学と疑似科学のあいだ

およそ一万年前から、農耕による食料生産により人口が増加し、人類の定住が進んだ。村ができ都市ができ、文明が興隆したのである。その背景ではたとえば、農地に効率よく水を供給するため、科学的な法則が次々に見出されたであろう。それらをもとに気象学、水力学や土木技術が、あわせて農機具などの製造技術も発展したにちがいない。

科学の目覚ましい発達に伴い、科学と疑似科学のあいだの領域が問題になってきた（なお、ここでは科学と技術を同列に扱っているが、両者の差異については8章を参照されたい）。

水や農作物などについてパターンを見出す研究は進みやすいが、人間についてパターンを見出す研究は進みにくい。人間が多様で複雑な存在だからである。

「やりを一万回投げれば、誰でもやり投げの名手になれる」

この主張は、かなり科学に近いが疑似科学だ。科学的な主張にするには、やりを一万回投げる訓練を数百人にやらせ、何割が名手になるかを実験し、その結果を反映させねばならない。実験にもとづき「誰でも」を「一割の人々は」などに訂正すれば科学的といえる。この手の実験は、意外に面倒なので行われていない。実験データがないまま主張されるので、疑似科学なのである。

もっと詳しくいうと、実験を実施するには、訓練は二十代の若者にさせるとか、名手とは

「三〇メートル先に立てた二メートル四方の板に三投以内で突き刺せる人」などと、決めねばならない。疑似科学らしい主張を耳にしたとき、こうした実験の細目を問うだけで、実験が行われているかどうかがチェックでき、疑似科学かどうかがおおよそ判定できる。

しかし先の主張は、疑似科学だとしても、有効に働く社会的場面もある。

狩猟採集時代の小集団を例に挙げる。たとえば、ある集団の若者たちにやり投げの訓練をさせ、成果を測る。首尾よくやり投げが上手くなる若者もいれば、そうでない者もいる。むしろ、上手くなれない者のほうが多いだろう。

しかし、たとえやり投げが上手になった若者が全体のたった一割だったとしても、動く獲物を首尾よく獲れる名手が育ちさえすれば、その集団の生存は安泰となるのだ。また、名手になれなかった若者も集団内で恩恵を得て生きのびられる。だから、主張を信じて若者がみな訓練に明け暮れるのには、その集団において社会的な意義があるといえる。

社会的な意義はあっても、個人的な意義は別である。名手になれなかった個人が、「信じた私がバカだった」と文句を言う可能性はある。とくに名手とそうでない者の待遇の格差が激しいときには、これが起きやすい。

メダルを獲得したオリンピック選手にインタビューしたとき、「最後まで成功を信じてい

名手とは「三〇メートル先に立てた二メートル四方の板に三投以内で突き刺せる人」

ました」と答える場合が多いが、メダルを獲得しなかった選手も「成功を信じて」臨んでいたにちがいない。誰の話を聞くかによって、実態の見え方は異なるのだ。

疑似科学信奉の意義は、個人レベルと社会レベルでくい違っていることがあるので注意を要する。また、人間の性格や能力に関する疑似科学は、5章で議論する。

周囲の人を模倣する

文明が進展し、科学の成果がマスメディアや情報ネットワークまでをも現実のものとした現代社会で、一番の疑似科学問題は健康食品である。テレビや雑誌、インターネットに、健康食品の疑似科学広告があふれている。

「わたしもこれで一〇キロやせました。あなたにもオススメです」

飽食の時代、肥満予防は健康を維持する最大の要件となりつつある。それをビジネスにしようと、食べてダイエットできるという、魔法のような健康食品が次々と売られている。広告には、ダイエット効果のメカニズムは書かれていない。効果はないか判明していないかのどちらかだろうが、医薬品でないから効果が法律上書けないことを言い訳にして、実態を隠していることが推察できる。

効果を書かずして、効果があるかのような印象を与えるのは、右のような愛用者の感想である。私たちは周りの人々の行動を模倣して生活している。みなが渡る橋は安全であるとして自分も渡り、みなが食べるものは毒でないとして自分も食べてみる。周りの人々の行動や意見は、通常かなり参考になる。だから、愛用者の感想を聞けば、まずは信じて判断材料にしてしまう。

しかし、広告に載っている愛用者の感想は、見知らぬ他人の意見である。消費者よりも広告主に加担した意見である可能性が高い。そもそも広告主によって捏造（ねつぞう）された感想かもしれない。そんな愛用者はどこにもいないとすれば、オススメされても無視するほうが妥当なのだ。

ところが、見知らぬ他人の行動がわかり、意見も聞けるようになったのは、メディアが発達した最近のことにすぎない。私たちは、見知らぬ他人の行動や意見であっても、周りの近しい人の行動や意見と同じように受け取ってしまう傾向がある（注3）。これは先史時代に、周りの仲間に従って協力するように私たちが進化した結果である。

まるで、狩猟採集時代の習慣が身体に刻印されているかのようだ。その証拠らしき事実が脳科学で判明している。脳の中に、他人の行動を見ただけで自分の行動であるかのように動作する神経細胞が見つかったのだ。それは「ミラーニューロン」と呼ばれ、共感や同調の根源とみなされている(注4)。

ちなみに、ダイエットに苦労する理由も、先史時代に求められる。私たちには、狩猟採集時代の困窮した生活に適した身体機能が備わっている。今大型動物が獲れても、次に仕留められるのはいつのことかわからない。冷蔵庫はないので、肉を蓄えておくこともできない。だから、なるべくたくさん食べて皮下脂肪に蓄えておこうとする。食べれば食べるほど、飢饉(ききん)でも生きのびられると安心できる。それを生理的においしいと感じるようにできているのだ。

飢饉になることがない今日の日本では、こうして食べ過ぎてしまうのである。個人の感覚が社会の実態と合っていないところで、疑似科学がつけこんでくる事例が多い。この観点は3章で深めていく。

賢いシニアこそだまされる

前項で述べたように、現在のマスメディアには健康食品の広告があふれている。健康に不安があり、お金の使い道もなくなってきたシニア層をターゲットにして売りこもうとしている。最近のマスメディアは、健康食品のスポンサーによって支えられているといっても、あながち的外れではないだろう。

とかくシニアはよく考えもせずに、健康食品を購入していると思われがちだが、実際はそうでもない。少なくとも、私が行った消費者モニター調査(注5)では、シニアのある種の「賢さ」が検出されている。

「肌のコラーゲンは年齢とともに減少します」

という広告を見たときに、「自分も年齢を重ねたからコラーゲンが減少している。だからコラーゲンを食べて補わないといけない」という論理的な思考が働くので、コラーゲン入りの健康食品を買ってしまうのである。

実際には、コラーゲンを食べても消化吸収されず、肌には届けられない公算が大きく、この広告は疑似科学であるといえる。ところが、シニア消費者の一部は、広告に書かれていない部分を賢くも推論で補って、広告主の意図に沿って「効く」と判断するのである。

消費者モニターから収集された意見によると、購入したシニアもじつは半信半疑で、さらなる情報を求めている。そうした情報が広告に書かれていないことを嘆いてもいる。まさか「効果が判明していないから、詳しい情報は書きようもない」とまでは思わない、そういう善良さもかいま見える。

疑似科学に関する情報提供の場が設けられれば、消費者の購買行動もかなり改善されるのではないかとも思われる。そこで私は、共同研究者たちとともに、「疑似科学とされるものの科学性評定サイト」(http://sciencecomlabo.jp/)(以下「疑似科学評定サイト」と略記する)を立ち上げ、その情報提供の場としての活動を始めている。

詳しい活用方法は終章で述べるが、本節に関連する「コラーゲン」などの項目について、一度サイトを閲覧してみてもらいたい。

科学的成果との向き合い方

今日の天文学や宇宙物理学の進歩はめざましい(これらの歴史については4章を参照)。宇宙は、百三十七億年前のビッグバンとともに始まり、現在も膨張を続けているという。地球上の生命のエネルギー源となっている太陽も、全宇宙から見るとごく普通の恒星にすぎず、誕生して消滅するという一般的な過程をたどるそうだ。

「あと五十億年もすれば太陽が膨張して人類は滅亡だ。僕らは何をしても意味がないんだ」

これは、かつて大学の授業を長期間休んでいる学生を面談したときに、その学生本人から聞いた言葉である。自分の人生の意味より先に、人類の意味を考える聡明さが感じられたが、はるか未来まで思考を展開してしまうと悩ましい問題になる。

現代の天文学によれば、数十億年のちの太陽は、赤色巨星という状態に入ることが知られている。太陽は巨大化し、周囲を回る惑星を次々と呑みこんでいく。地球でさえもその運命からのがれることができない。科学の成果として、確かにこの知見は正しい。

ときに科学の成果は、受け入れ難い予測を私たちにつきつける。しかし、幸いなことに、科学は誤(あやま)っているかもしれないのだ。かつて天動説から地動説に大転換（4章参照）したときのように、今の科学が陥(おちい)っている大きな誤りが今後発覚し、地球は太陽に呑みこまれずにすむかもしれない。

数十億年のちにそれは判明するだろう。だが、それまでにはかなりの猶予がある。私たち人類は、さらに科学的研究をきわめ、より正確な予測を試みることができる。と同時に、科学技術の発展にも尽くし、たとえ地球が呑みこまれるとしても他の惑星に移住するなど、人類存続をはかることも期待できる。

本書で繰り返し論じるが、科学と疑似科学との明確な境界はない。先の学生も、現代天文学をとりあえず疑似科学とみなし、地球が呑みこまれるのも単なる物語として、鷹揚に構えてほしかった。が、私の重ねての説得にもかかわらず、残念なことに学生は退学していった。

疑似科学が社会を動かす理由をさかのぼると、私たちが身近な人間と協力する気持ちをもっていることに行きつく。集団の一人ひとりが周囲の人々の意見を、集団の合意として受け入れれば、人々は一体化して協力集団となりやすい。その反面、個々の人間は集団に流されたり、悪意のある人にだまされたりするわけである。社会の中で科学が一定の成果をあげてきた今日、疑似科学がよくも悪くもいろいろな場面で利用されてきている。

疑似科学にだまされないためには、科学の成果を適度に信じることが重要である。科学を信じても、「それは社会で一定の有効性があるから今だけだまされているのだ」などと、過度に信じ過ぎない「だまされ上手」になるのがよい（注6）。

このように、疑似科学の問題は奥が深い。私たちの生き方にも触れる多くの側面をもつからである。本書によって読者が、疑似科学に対して、そして科学に対しても適切な姿勢で向かえるようになることを望んでいる。

注1　本書では、人間の行動や心理の多くの部分が生物進化の過程で環境に適応して形成されたとする、進化心理学の考え方をベースにしている。この点について詳しくは、拙書『生きづらさはどこから来るか――進化心理学で考える』（ちくまプリマー新書）や、『人はなぜだまされるのか――進化心理学が解き明かす「心」の不思議』（講談社ブルーバックス）を参照されたい。

注2　アポロ計画の陰謀論者は、月面作業の映像から、国旗のたなびき、光の影のでき方、足跡の形状などを指摘して、映像が撮られたのは月面ではなく地球上のスタジオだと主張する。しかし、アポロが月へ行っていないという指摘は当たらない。月面に置かれた反射板によって今日、月と地球の距離の精密な測定がレーザー光線を用いて行われている。詳しくは、山本弘『ニセ科学を10倍楽しむ本』（ちくま文庫）、ASIOS（超常現象の懐疑的調査のための会）のサイト http://

www.asios.org/apollo.html などを参照されたい。

注3　友人から聞いた話をその友人に語ってしまうというミスがしばしば起きるが、それは私たちが情報源を記憶しにくいことが理由である。これも先史時代、自分が聞く情報は所属集団の共有知ばかりであるので、情報源を記憶する必要がなかったためと考えられる。信頼性の低い情報源からの情報は、はじめは信用しなくても、だんだんと情報源がどこかを忘れ、その情報の信用度合いが上がっていく。これは「スリーパー効果」と呼ばれている現象で、詳しくは菊池聡『超常現象をなぜ信じるのか――思い込みを生む「体験」のあやうさ』（講談社ブルーバックス）などを参照されたい。

注4　ミラーニューロンについて詳しくは、発見者のリゾラッティらが著した『ミラーニューロン』（紀伊國屋書店）を参照されたい。

注5　この筆者の調査報告は「求められる広告の科学的表現」と題して『月刊消費者』（日本消費者協会）の二〇一一年三月号に掲載されている。

注6　この「だまされ上手」の精神については、拙書『だまされ上手が生き残る――入門！進化心理学』（光文社新書）で別途論じている。

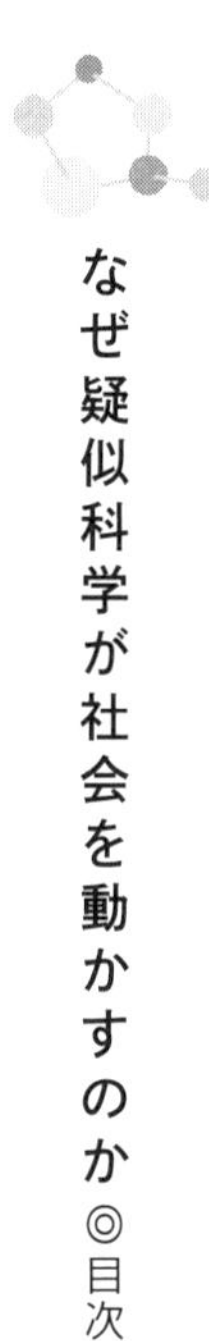

なぜ疑似科学が社会を動かすのか◎目次

第3部　知識を社会で共有する ～科学を使う　135

第1部

pseudo science

個人的体験の落とし穴

～疑似科学のはじまり

第1部では、疑似科学がどのような発端で出現してくるのかを見ていく。疑似科学のひとつのきっかけは、個人の体験である。人間は体験したことを生活に役立てていく存在であり、それが科学の発端にもなっている。しかし、体験したことを過度に信じるのも問題である。体験を大切にしながらも、疑似科学を招き入れない手順を明らかにしていく。

体験を適切に信じるためには、次の認識が必要である。①想像と現実をしっかり区別する、②自分の感情や欲求の由来を知る、③自分の認知や思考のクセを知る、④経験してない記憶がつくられることがよくあると自覚する、である。③については、**確証バイアス**、**認知的不協和**などがキーワードになる。

個人の体験としてははっきりしたならば、他者と体験を語り合ったり、広く社会で体験を共有したりする。それによって心理的存在は社会的存在となっていく。その際、体験に客観性があるか、調査や実験をしてデータに再現性があるか、社会で共有する意義があるか、評判に根拠があるかが重要になってくる。

実験の場合、注目する条件以外を同一に管理し、比較対照することが肝要である。調査には限界があり、結果をあまり重視しすぎてもいけない。

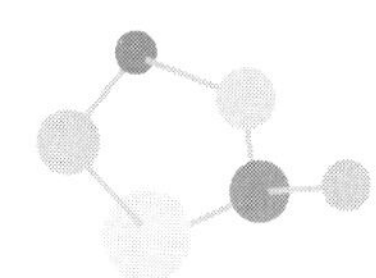

1章 金縛りの正体

夢はなぜリアルではないか

狩猟採集時代から、人類は周囲に起きる現象の中に規則的なパターンを見出し、生活に活かしてきた。それが科学のはじまりであり、また疑似科学のはじまりでもある。両者の発端をたどると、どちらも個人的体験に行きつく。つまり個人的体験には、科学に至るものと疑似科学に低迷するものが共存しているわけだ。

私たちは、自らが体験することを信じやすい。というか、信じざるをえない。目の前にあるコーヒーカップを取り上げて口元に運び、内部の液体をすすると芳醇(ほうじゅん)なコーヒーの香りが口いっぱいに広がる。この体験を現実として受け止めるのは当然のことだ。

かりに、コーヒー体験が現実でなくて夢だとしたら、夢で満足できてしまう。あらゆる欲望が夢で満足されるようになると、現実世界の生活がおぼつかなくなる。現実世界が厳しい状況になれば、白昼夢に逃避すればよいからだ。

私たちの夢が、現実ほどリアルでないのにはそういう意味で理由がある。夢でこと足りてしまえば、現実生活はおろそかになり、子孫を残すことも少なくなるだろう。進化生物学の原理にしたがえば、子孫を残す可能性が低い「心の機能」はなかなか身につかない。だから私たちの夢も、一般にそれほどリアルではなく、現実か夢かが識別可能なわけだ。夢を見ても「これは現実ではないな」と思うくらいがちょうどよいのである。

本章では、金縛りの体験から派生する疑似科学を取り上げる。ここでキーワードになるのが「夢」だ。

金縛りになったら安心せよ

夜中にはっと目がさめたら、いつもの寝室の天井が見える。トイレに立とうと思うが手足はびくとも動かない。どうしたのだろう、とあたりを見回すと、手足に四体、腹のうえにさらに一体、地縛霊（じばくれい）らしき異様な妖怪がみんな一斉に、こちらをにらんでいるではないか。ぎょっとして、こみあげてくる恐怖に心臓は高鳴る。その異物を払いのけようと脳が命令を発するものの、手足は氷のように固まっている。最後の手段だと、胸の奥底から声にならない悲鳴を絞り出す。

こんな体験をすると、妖怪が現実にいるという信念を抱くのも当然である。しかし現代の科学では、これらの妖怪は夢の中の存在であると見なすべき強い証拠が得られている。金縛り時の生理状態が、夢を見ているときの生理状態に類似しているのだ。つまり意識は、目ざめた状態に近づいてはいるが、まだ**夢見状態**（ゆめみ）なのである（注1）。

じつは夢見状態では、そもそも手足が動かないのである。夢の中では、飛んだり跳ねたり、逃げ回ったりと、現実生活のシミュレーションをしたり、架空の世界を冒険したりしている。そのときに現実の身体が動いたら危険である。寝室のある二階から階段を転げ落ちかねない。人間の身体機能はよくできているもので、夢見状態では身体運動の機能がオフになっているのである。

金縛り状態とは、目ざめたという意識はあるものの、いまだ夢見状態にあるために手足が動かない状態なのだ。

そうだとすれば、金縛りになったときにどう考えるべきだろうか。たとえば、夢の中では手足が動かないよう、自分の身体機能は正しく働いているな、と思うのがよいわけだ。

妖怪が見える生物学的理由

では、金縛り時に、なぜありもしない妖怪が見えるのだろうか。それにも生物学的な理由が知られている。手足が動かないときに敵におそわれると、命にかかわるので恐怖をいだく。続いて、「その恐怖の源は何か」と合理的な思考を働かせる。その結果、恐怖の対象となる妖怪を無意識につくり出しているのだ。何せ夢の中だから、何でもつくり出せてしまう。

人間にとって恐怖は、危険のサインである。高いところも、巨大物の近くも、暗闇も、潜在的な危険がある。そうしたものに恐怖を感じて近づかない人のほうが生き残りやすい。生きのびた人々の末裔である私たちも、基本的に恐怖を感じやすい動物だということが、進化

恐怖の対象となる妖怪を無意識につくり出す

生物学の知見からもいえる。

暗闇では本来、トラなどの夜行性の捕食動物、そしてなわばりを奪いに来た見知らぬ他人などが潜在的な危険の対象だ。暗闇で襲われたらひとたまりもないので、事前に闘うか逃げるかの準備をする必要がある。生きのびるためのその姿勢が、妖怪や幽霊を目撃しやすい心理状態に私たちを誘導している。壁のシミでも、草の揺らぎでも、敵らしきものには積極的に「恐ろしい」と反応するようになっているわけだ（注2）。

今日の文明社会では幸いなことに、そうした潜在的な危険は薄らいだ。もはや何も怖れる必要はない。それでも、恐怖の感情は昔のまま私たちの中に存続している。私たちはその恐怖を説明するために、あえて妖怪や幽霊を生み出したのだ。

暗闇に幽霊が見えたら、「本当の敵でなくてよかったな」と安心してもよいくらいなのだ。現実世界では、暗闇にひそむ本物の人間のほうがよっぽど怖い。

体脱体験ができる実験

金縛りを体験する人の一部が、あわせて**体脱体験**を訴えることも少なくない。体脱体験とは、肉体から魂が抜け出したかのような体外離脱の体験だ。自分が天井付近に浮き上がり、そこから自らの身体を見下ろすこの体験は、心霊愛好家には「幽体離脱」とも呼ばれている。

実際に、体脱体験をすれば、かなりショッキングな心霊体験をしたと思うだろう。しかしこれにも、金縛りと同様、科学的な理由が見出されている。

まず「自分」という身体感覚は通常肉体の中に位置しているが、これはあたりまえのことではない。感覚系（情報の入力）と運動系（情報の出力）の拠点が肉体にあるので、「自分」

も肉体にあると想定しがちなのだ。拠点が肉体から離れていけば、「自分」も離れたほうが便利になることもある。

もう少しわかりやすく説明しよう。今では実験装置を使って簡単に体脱体験ができるので、これを例にあげたい。

まず、目にゴーグル型のディスプレーを装着して、自分の肉体を見下ろす天井位置に設置したカメラから、自分の行動の様子を見続ける。これにより、情報入力の拠点を天井に移したことになる。すると、カメラの位置に「自分」がいるかのような感覚にしばらくするとなってくるのだ。触覚や聴覚をもカメラの位置に移動させる工夫をすれば、さらに体験効率が高められる。私自身も実験してみたが、ある種の体脱体験が誘発された（注3）。

つまり、「自分」という身体感覚の拠点は、比較的自由に肉体外へと移動できるわけだ。こうした人工的な実験状態では、魂が抜けたとは主張できない。なぜなら、自分の位置感覚だけが体外に移動していて、当の肉体は普通に活動しているからだ。

以上のことをふまえると、金縛りのときに体脱体験が起きやすいのは、実際に手足が動かない状態で「自分」の感覚だけが明晰（めいせき）になっているからにちがいない。肉体の位置に「自分」を想定しても、肉体は動かないので意味がないのだ。いっそのこと、肉体を抜け出した位置に「自分」を想定しよう、そのほうが自由に動ける気がして何かと便利だ、と「自分」が思うのだろう。そしてそれが、体脱体験として実感されるのだ。

さらに、体脱体験の根源は、非常時のための脳活動にあるとも推測できる。体脱体験は金縛り時だけでなく、交通事故で瀕死（ひんし）の重傷を負ったときや、重大な病気になり病院のベッドで苦しんでいるときにも起きやすい。あれこれ悩んでも仕方がないときに、「自分」という意識を肉体から解放する脳活動が存在しているようだ。これは、もはや原始的な肉体の治癒能力にゆだねるしかないという、脳の高度な状況判断なのかもしれない。

カナダのローレンシアン大学のマイケル・パーシンガー教授は、大脳皮質の側頭葉の一部に外部から磁気刺激を与えることで、体脱体験を誘発できる事実を発見した（注4）。体脱体験は脳の特異的な活動の結果であることが、さらに明確になっている。

個人的体験は科学の発端ではあるが、誤った思い込みの体験をすることも多い。金縛りも幽体離脱も体験としては事実であるが、その体験の内容は夢と同様、想像世界の現れである。自分の体験が誤った思い込みかどうかは、他者の体験と照らし合わせることで通常判断でき、それを支えるのが、観察や実験なのだ。

心霊現象の科学的研究

体脱体験で「肉体から魂が抜け出ている」と重ねて主張する心霊愛好家が、私に「魂が抜け出た」とされる心霊写真を見せてきた。頭部の前に光る雲状のものが写っている。暗闇の写真なので、レンズに周囲の強い光が反射した「写り込み写真」だろうと確信していたが、ここぞとばかりに問いただしてみた。

「霊や魂が写真に写るということは、光を反射する物体なんですね」

すると、魂は物体であるとばかりに、

「かつて人間が死ぬときに体重を測っていたら、測定値が数十グラム減少したという記録があります」

と主張した。数十キログラムもある体重の測定を数十グラムの精度で行うのは結構な技術がいるし、水分が蒸発してもそれくらいの減少にはなるとも思ったが、こう切り返した。

「なんで物体である魂が、頭蓋骨を抜け出せるのですか。幽霊に至っては、壁を通り抜けるくせに、ドアを叩いたり足音がしたりと矛盾していますね」

するとこんどは、こう教えてくれた。
「霊や魂は、物体になったりならなかったり、自らの意思で自由に変えられるのです」
これが悪名高き**「万能理論」**である。霊魂は目撃されてもされなくても、写真に写っても写らなくても、常に存在すると主張できてしまう。客観的な実験や観察もできず、何も予測しない。何が起きてもただ、起きた現象を後から霊魂の意図や怨念(おんねん)で説明するだけである。典型的な疑似科学だ。

科学的な理論は、起きそうなことを予測すると同時に、起きそうもないことをも予測しなければならない。何でも説明できる万能理論は、カンタンにいうと使えないダメな理論の代表格なのだ。霊魂についても、もう少しましな理論は立てられないのだろうか。

じつは、霊魂についての科学的探究が真剣に行われていたことがある。一八八〇年代から一九二〇年代にかけての英国においてだ。一八八二年、ロンドンに心霊研究協会なるものが設立され、ノーベル賞級の大科学者たちが、よってたかって霊魂の研究をしていたのだ。交霊会に霊媒師(れいばいし)を招いて死者の霊魂を呼び寄せ、その場で起きる奇妙な物理現象を解析したり、霊媒師の語る霊魂のメッセージから神秘的情報を読み取ったりしていた。

しかし早晩、研究は行き詰まる。奇術トリックを弄(ろう)するニセ霊媒師や、観光目的の演出交霊会が横行し、心霊現象と想定される研究対象は減っていった。実験や観察ができなければ、科学にはならない。そうして、この研究コミュニティは急速に縮小していった（この続きは6章へ）。

とかく「心霊現象は科学的にありえない」という言い方がされるが、厳密にいうとこれは正しくない。確かに、現在の科学的な世界観と心霊世界は折り合いがつかない。しかし、科学は発展し改革され続けるものなので、将来の科学的世界観と折り合いがつく可能性もないわけではない。ただ、問題の本質はそこではなく、霊魂という説明対象が不明確であり、矛盾に満ちていて、実験や観察という科学の土俵に乗らないことにある。だから現時点では、「科学的にいって心霊現象は無いも同然である」と見なさざるをえないのだ（注5）。

存在しないものを体験する

では、無いも同然の心霊現象を体験するとはどういうことか。心霊現象のほとんどは、足音がした、声がした、気配がした、さわられたなどの断片的な体験報告ばかりである。妖怪や幽霊の全貌が現れることはほとんどない。

断片的な情報から全貌を想像してしまう過程は、**「認知のトップダウン処理」**と呼ばれる。報告者の記憶にある全貌の姿が、断片的な情報によって想起されるのである。その想起された姿は想像世界にあるので、報告者が夢見状態にでもない限り、通常は現実の存在には見えない。

ところが、足音や声や気配の原因について他の説明ができなければ、恐怖も手伝って、見えない幽霊が存在するという説明が優勢になってしまう。この場合の対処は、「ただ単に、足音や声や気配に似た情報を、自分は今受け取ったにすぎない」と軽く受け流すことだ。ふだん生活しているときには、その手の断片的な情報は山ほど受け取っているが気にもとめていない。その現実を思い出すのがよいだろう。

先の金縛りの体験談では、妖怪の全貌が見えていた。ただそれは、夢見状態の想像を現実と取り違えていたのだった。この種の誤認を検出するには、他の人に聞くのがよい。「夜に妖怪が現れたのだが、きみは見たかな」とパートナーに聞けば、笑って「見なかったよ」と教えてくれるだろう。寝室には誰も入れないというのならば、ビデオカメラで録画しておけばよい。

ノーベル経済学賞を受賞したプリンストン大学教授のジョン・ナッシュ（故人）は、統合失調症でよく幻覚に悩まされた。その幻覚は、いかつい男だったり、かわいらしい少女だったりした。たびたび登場するそれらの人物を、ナッシュは友人にも自分と同じように見えるかどうか聞き、見えなければ架空の人物であると見なした。そのうち、幻覚の人物たちの顔も覚え、無視できるようになり、何とか平常の生活をとり戻したのである。彼のこの波乱万丈な人生は『ビューティフル・マインド』として映画化もされている。

このように個人的体験は、他者との体験の共有によって、パターンが見出されていく。体験の共有が可能かどうかが、科学になるかどうかの最初の重要な分かれ目である。これが、**客観性**という科学の指標のひとつである。ある体験が他者とは共有できない個人的なものにとどまっている場合、科学的な客観性がないと見なされるわけだ。

有用かどうかで判断する

霊魂について指摘を重ねていると、よくこんなことを言われる。

「人間のような愚かな頭脳では、精妙なる霊魂世界の実情は、想像もできないのだ」

理解できなくとも仕方がないという、いわゆる**不可知論**である。それはそうかもしれない。だが、誰も想像もできないうえに、理解もできないならば、その世界が存在する明確な証拠がないということである。結局、この現実世界への影響力はなく、やはり「無いも同然」なのだ。

ただし、ほとんどの人には想像さえできないが、一部の人には経験可能だということは、可能性としてはある。たとえば、特異的な能力をもった霊媒師が存在し、霊魂世界が語れるといった場合である。この場合問題となるのは、その霊媒師が意識的にせよ無意識的にせよ、架空の物語をでっちあげているということと区別がつかないことである。

適当なことを言って信者を集めている霊媒師がいるという批判は絶えない。架空の物語でないのであれば、精妙なる霊魂世界から役に立つ情報を獲得してほしい。たとえば、医学的に検証可能ながんの特効薬の作り方などを教えてほしいものである。

科学の成果は実際に、社会福祉の向上と健康の増進に多大な貢献をしている。科学になりそこねた心霊現象は今のところ、私たちに不安と気休めしか与えていない。社会に役立っているかどうかという**応用性**の判断も、科学の指標のひとつなのである。

注1　たとえば神経科学者ケヴィン・ネルソンは、体脱体験と臨死体験と明晰夢（夢であるという自覚がある夢）はどれも、交感神経系と副交感神経系がともに活性化している意識状態であると、『死と神秘と夢のボーダーランド――死ぬとき、脳はなにを感じるか』（インターシフト）で論じている。

注2　この恐怖の生得性と幽霊遭遇体験については、拙書『「超常現象」を本気で科学する』（新潮新書）において、より詳しく論じている。

注3　この人工幽体離脱実験については、拙書『人間とはどういう生物か――心・脳・意識のふしぎを解く』（ちくま新書）、および『心と認知の情報学――ロボットをつくる・人間を知る』（勁草書房）において、より詳しく論じている。

注4　頭部の表面で磁場を素早く変化させると、頭蓋骨の内部に渦電流が生じ、神経回路が攪乱（かくらん）されるのである。最近うつ病の治療法としても注目を集めているＴＭＳ（Transcranial Magnetic Stimulation 経頭蓋磁気刺激法）も、これとよく似た技術である。うつ病治療の場合、大脳の左側の背外側前頭前野に刺激を与える（まだ研究途上段階で、期待される効果が得られるかどうかについては議論がある）。疑似科学評定サイトの「磁石磁気治療」「電磁波有害説」の項目もあわせて参照されたい。

注5　本節では心霊現象の探究を「疑似科学」と見なしているが、心霊愛好家は「そもそも心霊は科学を目指していない」と反論するだろう。確かに、心霊世界などの宗教的側面は、科学とのかかわりはほとんどなく、本節の批判は当たらない。しかし、「幽霊が壁を通り抜ける」といった主張がなされれば、明らかに通常科学と矛盾するので、科学的考察の対象となる。疑似科学評定サイトの「幽霊」の項目もあわせて参照されたい。

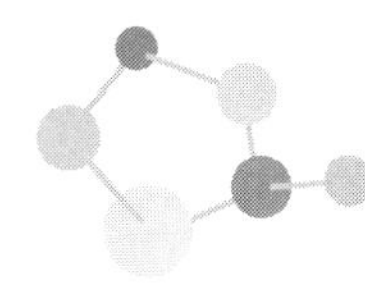

2章 パワーストーンとオーラの探究

石のパワーを感じる

もう十年以上前になるが、他大学の院生が私をたずねて来られ「パワーストーンの研究をしたいがどうしたらよいか」と質問されたことがある。聞くと、自分でもパワーストーンとされる石から色を帯びた光が出るのが見え、実際に手をかざすと何かパワーを感じるのだそうだ。他にもそれを感じる友人が数名いるという。

確かに、よく磨かれた青緑色のトルコ石の表面から、そして、澄んだ紫水晶の結晶の角から、何か輝く光が湧き出していると言われれば、そんな感じがしなくもない。

私は、「パワーを感じるならば、科学的実験ができますよ。数種類のパワーストーンと普通の石を、浅くて大きめの箱に入れます。蓋をした後、箱をよく振って、蓋をしたまま手をかざして、蓋のどの位置にどのパワーストーンがあるか当てるのです。あなたが成功したら、お友達にもやってみてください」と指導した。

後日、当の院生に話を聞いてみると、自分がやってみても、友人がやってみても成功しなかったという。やっぱり石を直接見ていないと感じられないのかなと、つぶやいていた。そこで、パワーストーンの写真を見せて、何か感じるかを問うたところ、こんどは感じると訴えてきた。

ということは、パワーストーンから「パワー」が出ているのではなく、その視覚刺激から連想される印象で、何かを感じていると判断できる。

印象で感じるのであれば、「物語」を聞かせることでいかようにも印象をつくれてしまう。トルコ石の効果を、青緑色が幸運を招くと語ることもできるし、反対に不幸を招くと語ることもできる。つくられた物語によって、感じる印象も変化するにちがいない。

私は「パワーストーンの効果が語り方によって変わるのであれば、規則的なパターンは得られないので、科学的な研究にはならないよ」と諭（さと）した。だいぶたってから、その院生は研究テーマを変えたと聞かされた。

インターネットでパワーストーンを検索すると、おのおのがどのような効果をもつかが一覧表のようになっている。本当に効果を調べたデータがあるとはとても思えない。疑似科学の疑いが濃厚だ。それに、「人体に効果がある」という表示は、医薬品や医療機器に関する法律で禁止されている。

この点を弁護士の友人に問うたら、笑って、明らかに効果が無いことがわかる場合には、単なる遊びだとして取り締まられることはないと教えてくれた。子ども同士で「手伝ったら五〇円あげる」と言ったら約束の成立と認められても、「手伝ったら一〇〇万円あげる」と言ったら冗談だと見なされ、まったく約束にならないのと同じなのだそうだ。

弁護士によると、パワーストーンの効果は「明らかな冗談だ」というわけだ。でも、それを研究したいという院生が現れるくらいだから、みんなが単なるお遊びだと思っているわけではないだろう。疑似科学信奉に対する社会制度を、もっと根本的に考え直さねばならないのではないだろうか。

「裸の王様」は何をすべきだったか

アンデルセンの童話に「裸の王様」（原題は「皇帝の新しい服」）という、よく知られたお話がある。

あるとき王様のもとに、異国の服飾職人が来訪し、最新の服を仕立てて差し上げると言う。職人のことを気に入った王様がさっそく仕立てを依頼すると、当の職人は喜んで作業を始める。ところが、部下が様子を見に行くと作業中の布地が見えない。職人は、ウソツキの人には見えない服を作っていると説明する。驚いた部下は王様に、たいそうすばらしい服が仕上がりつつありますと、ウソの報告をしてしまう。同様のことが大勢の部下にわたって生じ、見えない服は「すばらしい服だ」という評判を得てしまう。見えない服が完成し、王様に着せられるが、王様自身も見えないことを言い出せず、裸のまま市民の前を行進してしまったとさ。

この童話は、権力の滑稽さをからかいながら、誤った噂にもとづいて政治が行われる可能性を指摘した、鋭い内容の作品である。

さてここで、「見えない服」を疑似科学という概念に頭の中で置きかえてみる。そして、王様にも少しだけ賢くなってもらってから、もう一度このお話を考え直してみることにしよう。疑似科学を取り巻く構図が見えてくるはずだ。それに、疑似科学を暴くトレーニングにもなるだろう。

さあ、賢くなった王様は、部下たちの証言のつき合わせをしてみることにした。これは前章で述べた客観性を確認するひとつの方法である。

ある部下に「見えない服」の様子を見に行かせ、次に別の部下にも同じことをさせて、両者の証言の一致を調べてみるのだ。一致していなければ当然、職人の主張が怪しいということになるだろう。しかし、百戦錬磨の職人のことだから、その辺は抜け目がない。「厚いビロードの布地に、剣の紋章をあしらった豪華なデザインである」などと、先に説明を仕掛け、複数の部下が同じ証言をするように仕向けたのだった。

そこで王様は、ある種の実験をしてみた。

運ばれてきた服が見えなかったので、疑問をもって、次のような措置をとったのだった。職人を退席させ、側近のひとりに「他の者に見えないよう、服の腕の部分をハの字に残して、他の部分を折り畳め」とささやいた。そしてその後、他の部下に、服が今どんな状態にあるかを問うてみたのだ。

こうした実験を行えば、より正確に客観性を検証できる。「見えない服」が架空の服であることも顕わになるうえ、当初の服の報告には客観性がないことも示されるだろう。つまり、疑似科学を見抜くことができるのだ。

賢明な王様は国民の前で恥をかくこともなく、部下からの忠誠も集めることができるだろう。職人にはしかるべき処置を行い、国の平和も保たれるはずだ。

このように権力をもつ為政者には「見えない服」の判定法、つまり、疑似科学を見抜く知恵が必要なのだ。

ちなみに、「裸の王様」のラストシーンでは、純真な子どもが「王様は裸だ」と指摘することで、皆がだまされていたことを自覚すると描かれている。この部分は、「子どもは純真無垢であり、ウソをつくはずがないから架空の服であることが判明した」と解釈されがちである。しかし、発達心理学の実験によると、子どもも大人に負けず劣らずウソをつくことがわかっており、これは少し的外れの解釈だといえよう。

むしろ、子どもの場合は社会的な合意に影響を受けにくいので、周りに合わせることなく本当のことを口走ってしまった、という解釈のほうがよい。ラストシーンの教訓は、「社会が暴走してしまったときには、独立独歩で自らの意見を率直に主張する人が貴重」という点にある。

「オーラが見える」とはどういうことか

私のところには、パワーストーンと類似した訴えもたびたびある。彼（女）らによると、色のついた光が石だけでなく指先からも出ており、別の大きな光は身体全体を包んでもいるという。いわゆるオーラ視現象だ。

オーラが見えるという人々は、実際に光が出ていると訴える。

しかし、本当に光が出ているのならば、測定器で測定できるはずだ。現在の測定器は人間の目よりも何倍も感度がよいので、人間に見えて測定器にかからない光はない。今のところ、そうした光は測定されていないので、本当に何かが出ているとすれば、少なくとも物理学でいう光ではないのだろう。

オーラが、物理学では知られていない「ある種の光」である可能性がまったくないとはいえない。ただしそれを科学的に解明するためには、オーラという概念を明確化する必要がある。オーラがいつどんなときに見え、どうすると見えなくなるかを調べるのだ。

さて、オーラは人体の周囲を取り巻いているとされるので、ここではちょっとした実験が有効だ。一七〇センチのついたてを用意し、その向こうに身長一七〇センチの人に立ってもらう。すると、顔は見えなくとも、頭の上部にあるオーラが見えるはずだ。オーラが見えたら、ついたての後ろにいる人にしゃがんでもらう。こんどはオーラが見えなくなるはずである。

つまり、オーラを手がかりにして、ついたての後ろに隠れている人が、立っているかしゃがんでいるかを識別できることになる。

じつはオーラが見えるという人に対し、たびたびこの手の実験がなされている（注1）。その結果は、顔が見えているときにはオーラは見えるが、その人がついたての後ろに隠れてしまうと、立っていようがしゃがんでいようが、オーラは見えないのだ。

つまりオーラは、頭部の周りに物理的に存在しているのではなく、顔の印象に従って心理的につくり出していることになる。

また、オーラは見られた人の表情からくる感情的な印象が色として現れているようだ。笑顔の人はオレンジ色のオーラに包まれ、怒った人は黒いオーラに包まれているといった具合に、である。おそらく、見る人の想像で光や色をつくり出しているのだろう。なぜ表情でなく、光や色として認識するのかというと、そのほうが速く判断できるからにちがいない。オーラ視能力者は、十数人が集まった場の雰囲気を、オーラの色ですぐさま見分ける卓越した力をもっているのだろう（注2）。

この色についてもオーラを見る人によって微妙に色合いが異なっており、そういう意味でも、残念ながら客観性は低い。ゆえに、オーラが光だという主張に固執するならば、それは疑似科学であると見なさざるをえないのだ。

心理的存在の社会共有

石のパワーにしてもオーラにしても、物理的存在ではなく心理的存在であるようだ。心理的存在であっても、科学の対象となりうる。しかし、心理的存在は個人によって千差万別であって、規則的なパターンを見出しにくい。つまり究明が難しい科学分野なのだ。

次頁の図1をご覧いただきたい。白いハートが見えるだろう（注3）。ところが、そのハートは物理的には存在しない。ハートを構成する線はひとつも描かれていないにもかかわら

図1　存在しないハートが見える

ず、一般の人々はハートを見出すのだ。すなわち、そのハートは心理的存在なのである。

なぜハートが見えるかというと、多くの◎印の切れた◎印があると解釈するよりも、多くの◎印を「白いハート」が覆っていると解釈したほうが妥当だからだ。切れた◎印がたまたまその位置に配列することはめったにない。それよりも「手前にハートがあるぞ」と感じたほうが、現実世界のあり様と合致しやすく、有用なのだ。

白いハートは心理的存在ではあるが、非常に客観性が高い。つまり、いつでも誰でも、同じようなハートを心に描くことができるのだ。だから、その白いハートを指差しながら、友達と「バレンタインにはこんな形のチョコがよく売れるね」などと会話ができたりもする。意味を社会的に共有できるわけだ。このような、社会的に共有できる心理的存在を、とくに**「社会的存在」**と呼ぶ。

石のパワーやオーラは、客観性が低い心理的存在である。まず、見える人が少ない。次に、見え方が一定でない。これでは社会的に共有できない。

皆で一定の見方を学べば、将来は社会的に共有できるようになる可能性も一応あるだろう。しかし、それを学ぶ利点が現段階では見当たらないのだ。石のパワーを感じても、それにどんな意味があるというのだろうか。たとえ人のオーラが見えたとしても、単に表情を読むのと大差がなければ、学ぶ意義がないのではなかろうか。

ときにオーラで病気がわかると主張する人がいるが、これは疑似科学であるとここで断言しておきたい。実際のところ、こういう主張をする人たちはほとんど成果をあげていないのだ(注4)。

また、医師でないのに病気の診断をすれば、医師法違反となる。実際この法律は、このような疑似科学診断を防止するために設けられたのだ。

オーラは測定できるのか

本章の最後に、もっと疑似科学の色合いが濃い「オーラ測定器」について述べておこう。ちまたには、オーラを測定できると称する装置がいくつかある。

ひとつは、人体の周囲の静電場を測定するタイプである。ふつう人体は静電気を帯びているので、金属板を並置させたコンデンサーのような装置によって、人体を取り巻く静電場を測定できる。しかしこれはオーラではない。

かつて日本では、電気工学者の内田秀男（故人）がこの原理のオーラメーターなる装置を自作して、自らオーラが測れると主張した（注5）。怒っている人のオーラを測ると、鬼のように頭から角状の突起が検出できるというのだ。これが本当なら静電場ではなく、未知のオーラ現象が測定できるのかもしれないと、他の研究者が測定をしてみたが、再現はされなかった。科学的主張には実験結果の再現性、つまり、何度繰り返してもおおよそ同様の結果が得られることが必要なのである。

もうひとつは、ロシアの技術者、キルリアンが開発した放電写真法である。二枚の電極板の間に気体を封じ込めて高電圧をかけておくと、ちょっとしたきっかけでその内側部分の気体が放電する。たとえば、透明な電極板に手をひろげて載せると、手を取り巻くように背後に放電の輪が見える（放電は電極板の後ろで起きている）。あたかもオーラのようである。

ところがこの放電は、生体物でなくても、電気的なきっかけになるものならば、何でも起きる。ハサミを載せるとその形で放電するし、霧を吹き付ければできた水滴にそって放電する。だから、これはオーラではない。

しかし、当初はオーラのように思われた向きがあった。というのも、木の葉を電極板に載せると木の葉の形に放電するが、一部を切った葉を載せても元の葉の輪郭で放電すると主張されたからだ。一部を切っても元のオーラはしばらく残り、それが写真に撮れるということで大騒ぎとなった。この現象は「ファントムリーフ（幻葉）」と名づけられ、その証拠とされる写真が世界中に出回った（注6）。

木の葉の放電写真
写真提供　ユニフォトプレス

各国の技術者たちは、このファントムリーフ現象の再現を試みたが、いっこうに再現しなかった。そしてそのうちに、証拠とされる写真の捏造方法が見つかった。方法はいたって簡単で、完全な木の葉をいったん電極板に載せ、そのうえで一部を切り取るのだ。完全な木の葉を電極板に載せておけば、木の葉が湿気(しけ)っているので、木の葉の形に水滴が放電する。一部を切り取っても電極板上に水滴が残っているので、完全な木の葉の形が維持され、写真に撮れるのだ。この捏造方法が見つかってからは、人々の興味は急速に失われていった。

現在、この放電写真法は改良され、GDV(Gas Discharge Visualization 気体放電視覚化法)として機器が販売されている。そして、この装置にはオーラに関する疑似科学を助長する問題もある。

GDVに指を載せて放電を見るだけであれば、指先の電気的状態を見ているだけだ。指先の電気的状態が発汗などを通して、心理状態と相関していることは判明しているので、放電状態を見て心理状態を推測することはある程度は可能である。つまり、この使い方は科学の範囲内であり、まだましだ。

ところが昨今GDVが、コンピュータで放電写真に自動的に色をつけたり、指先の放電写真であるにもかかわらず、人体全身のイラストをその内側に配置したりする、人為的なプログラムと一緒に提供されている。あたかもオーラが機械で検出されたかのような、巧妙な見せ方がなされているのだ。「指先の放電の弱い位置に対応する人体部位のオーラが弱まっているから、その部分に疾患があるのではないか」と、病気診断まがいの行為までもが行われている(注7)。

オーラが物理的存在であると誤解していると、こうしたそれらしい機器を使った疑似科学にはまってしまう。怪しい機器には近づかないにこしたことがない。それでも必要な場合は、「裸の王様」を思い出し、十分なテストを重ねてから利用してもらいたい。

注1　オーラが見えると言う人は、一様に指先からも光が出ていると言うので、私は、本で私の手を隠して、今手を開いているか閉じているかを当ててもらう簡易実験をしてもらうことにしている。これまで五、六人に試してもらったが、偶然以上に当てられた人はいなかった。むしろ、試した結果、当てられないことに驚く人がほとんどである。彼(女)らは本当に光が出ていると信じていることを知って、私のほうが驚いている。

注2　オーラ視現象に一番近い心理現象は「共感覚」と思われる。数字に色がついて見える人が、数字の記憶や計算にたけている例が知られている。ダニエル・タメット『ぼくには数字が風景に見える』(講談社文庫)を見よ。

注3　この図は、拙書『人間と情報——情報社会を生き抜くために』（培風館）を執筆したときに筆者が作成したものの転載である。もともとは知覚心理学で「カニッツァの三角形」と呼ばれる錯視図形であり、さまざまな変形デザインが知られている。

注4　後の6章で詳述する超心理学では、そうした超常的能力による診断・治療について緻密な実験研究が行われている。その結果によると、占い程度の暗示的効果しか得られていない。疑似科学評定サイトの「ヒーリング」「手相術」の項目もあわせて参照されたい。

注5　この内田の論文は、「オーラ現象の一測定法について」と題して、論文集『サイ科学』（日本サイ科学会）の創刊号（一九七六年）に掲載された。

注6　ファントムリーフ現象とその顚末の一部は、セルマ・モス『生体エネルギーを求めて——キルリアン写真の謎』（日本教文社）に詳しい。

注7　先日キルギス共和国から訪問者が来て、この手のオーラ検出をうたう機器の効果について質問された。それらの機器は疑似科学であると、私の評定を率直に述べたところ、かなり不満そうであった。キルリアン写真などの生体エネルギー研究の伝統が、旧ソ連圏ではいまだに残っているのだな、という印象をもった。この点、詳しくはS・オストランダーほか『ソ連圏の四次元科学』（たま出版）を見よ。

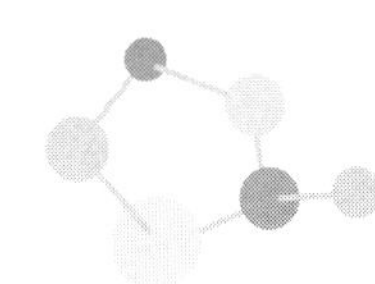

3章 なぜお守りを信じるのか

身につけていないと気がすまない

前章のパワーストーンはお守りとしても有名だ。幸運を招く石などが知られており、紐(ひも)で結ばれチェーン状になったブレスレットやネックレスが売られている。学生にも身につけている者がいて、「それなーに」と思わせぶりに聞くと、「気休めです」とこたえる。明らかに気休め以上の意味をもたせているように見える。

お守りを身につけることが習慣化するとたいへんだ。忘れて外出するとおちつかない。何か悪いことが起きそうな気がするからだ。本来は幸運を招くはずのお守りが一転して、身につけていないと気がすまないジンクスと化してくる。

行動経済学の実験で、興味深い事実が知られている。一般に人間は、一万円を得る喜びよりも、一万円を失う落胆のほうが大きいのである。たとえば一万円を拾った次に、その一万円を落としてしまうと、金銭的な差し引きは前の状態と同じなのだが、失った落胆が残るのである(注1)。

この現象は進化生物学からは、こう考えられる。生物は生きのびることが最大の優先事項なので、今生きのびられていれば、そこそこ良い状態である。すると次に注意すべき事柄は、状態のさらなる改善よりも、悪化の危険防止である。同じ金額でも、得ることよりも失うほうに危険が伴うのは、生きのびられなくなるとたいへんだからだろう。

こうして人間は、良いことの兆しよりも、悪いことの現れに敏感になる。そしてお守りが、悪化の不安をひきうけるわけだ。お守りによって不安を解消するという使い方であれば、心理的な働きはあるだろう。しかし、その気休め以上の実用的効果があると主張するならば、疑似科学である。

お守りに効果があるという誤認は、人づての評判と、自らの体験で形成されている。本章ではこの誤認を取り除く方法を考えていく。

高価な買い物が評判を生み出す

評判は、信用をおしはかるひとつの有力な手がかりではある。しかし、実態をよく調べずに、うわべだけで評判を信じてはならない。まず評判の出どころを吟味しよう。

幸運を招く石は、どうして幸運を招くとわかったのだろうか。誰かが、石によって幸運を得たのだろうか。もしや誰かが、石の色がきれいだから直感的にそう決めただけではないだろうか。少し考えるだけでも出どころの怪しさが想像できてくる。

神社仏閣で提供されているお守りは、どうして効果があるとされるのだろうか。宗教家がお祓いをして、お守りにその効果をこめたのか。そうだとすれば、効果が入ったことはどうしてわかるのか、いつまで効果は持続するのか。考えれば考えるほど不信感がつのってくる。「考えてはいけない、信じなさい」というのは宗教家の常套句であるが、疑似科学信奉におとしいれる手段でもある。

次に、評判が高まった過程を吟味しよう。近年は高度情報社会になり、評判が高まる過程

認知的不協和の解消

を情報検索で追うことが比較的容易になってきた。レストランの評判が、単に特定のテレビ番組で取り上げられただけなのか、それとも根強い人気があるのか、グルメサイトでチェックできる。またサイトの口コミなどを見れば、肯定的意見に否定的意見、ときには両者による議論もあり、評判の背景を理解できる。

このような評判形成の歴史があることは、科学性の根拠としても使えるので、情報収集が容易な現代社会では、評判の根拠を積極的に探っていきたい。

他に、気をつけるべき誤った評判形成の過程もある。とくに高価なお守りを買った人々がとる問題行動に**「認知的不協和の解消」**がある。自分ではお守りの効果を実感できないので、評判を高める行動に出るのだ。

この行動はすぐに理解するのは難しいのだが、次のようなことだ。一般に人間は、自分の行動が失敗だったと認めたがらない。「高いお金を出したのに何の効果もない」と後悔したくないのだ。そこで、お守りの効果がよくわからないときは、「良いお守りだ」として友達にすすめ、誰かに効果を確認してもらおうと行動する。

社会心理学の調査でも、高い商品を買った人は、自分が買った商品の広告は（買った後なのに）よく閲覧するが、ライバル社の商品広告は避けることが知られている。これも、買った商品は良い商品だと広告によって再確認を重ね、他の商品を買うべきだったという後悔の念を回避しているからである（注2）。

これを「認知的不協和の解消」という。高い商品を買ったという行動と、商品の価値が十分でないという結果が、気持ちのうえで不協和になるので、それを解消しようと、無意識のうちにさまざまな対策をとるわけだ。

つまり評判には、信用できるものとできないものがある。その点を念頭におき、しっかり吟味するクセをつけていこう。

悪いことが起きても効果が確証される

評判の吟味よりも妥当な方法は、実際に自分で体験して吟味することである。だが、これにしても吟味の方法をよく理解していないと、かえって誤認を深めることになる。

たとえば、「幸運のお守りを身につけた、その日に良いことが起きた、だからお守りに効果があった」という吟味の方法は誤っている。これについては、認知心理学者の菊池聡が「3た論法」と呼んで警鐘を鳴らしている(注3)。たまたま偶然の体験が、疑似科学に陥るきっかけになってしまうのだ。

他者の評判や自分の偶然体験にもとづいてお守りの効果を信じてしまったり、認知的不協和の解消のために効果を信じたくなったりすると、**「確証バイアス」**が生じる。効果があると確証できるような事例ばかりが、見えてくるのである。これは認知の偏り(バイアス)であって、実態を覆(おお)い隠してしまう。

さらに問題なことには、効果がないと反証できるような事例でさえも、確証として解釈されることもある。たとえば、お守りを身につけていたのに交通事故にあった場合、「身につ

表1　お守りの効果を調べる四分割表

	良いことが起きた	悪いことが起きた
お守りをもっている	頻度A	頻度B
お守りをもっていない	頻度C	頻度D

けていなければもっと大けがになっていたところを守ってくれた」と解釈し、効果の確証になってしまうのだ。

こうした問題を排除するためには、表1に示すような四分割表にもとづいて、頻度を吟味するのがよい。お守りを身につけているときに、良いことは何回起きて悪いことは何回起きたか、同様に身につけていないときには、それぞれ何回起きたかをカウントする。

自分が確証バイアスを起こすのではないかと心配なら、友人にお守りを入れた箱と入れてない箱を作ってもらい、毎日どちらかを持参しよう。カウントを記録した後で、どちらの箱に入っていたかを知るようにすれば、かなり厳密な実験になる。

もしお守りに効果があるならば、四分割表の、お守りを身につけているときの悪いこと（頻度B）に対する良いこと（頻度A）の比（A／B）が、身につけていないときの悪いこと（頻度D）に対する良いこと（頻度C）の比（C／D）よりもかなり大きい（A×D⋙B×C）となるはずである。効果がない場合は、その比はかなり近い値（A×D≒B×C）

になる（注4）。

ここまで吟味すれば普通は、お守りに効果がないことが実証できるだろう。ただ、個人で実験するには、かなりの手間と労力がかかる。お守りがジンクス化していれば、身につけないのは不安でもある。お守りがこれだけ売られているのだから、社会でしっかりデータをとって実証してほしいものだ。

記憶はつくられる

前節のお守りの効果を調べる実験では、良いことや悪いことが起きるごとにしっかり記録することを奨励した。確証バイアスが働くと、確証するのに都合の良いことばかりを思い出す。逆にいうと、都合の悪いことは忘れてしまう。だから、記憶で単純に判断してはならないわけだ。

認知心理学の分野では、一九九〇年代から目撃記憶の研究がかなり発展した（注5）。人間の記憶は目撃した事実をそのまま記憶するのではなく、その後の想起によって記憶がつくられる面があるのだ。その具体的な実験手順はこうだ。

協力者を会場に集めて、そこにサクラの実験者が凶器をもって乱入する。場内は大騒ぎになって人々は逃げまどう。乱入者は立ち去るが、そこで別のサクラの実験者が、乱入した人の服装について実際とは違う服装を、確信をもってニセ証言する。それを場内の協力者たちにそれとなく聞かせるのである。協力者の多くは、気が動転して逃げまどい、乱入者をよく見ていなかったのにもかかわらず、数週間もたつとニセ証言の通りの目撃証言をするようになる。

これと同様、良いことが起きてお守りに効果があると思った事実は、その後「ああ、よいことがあったなぁ」と、何度も想起する。だから、お守り効果を信じていれば、思い出すたびに効果は大きくなって記憶されていくのだ。反対に、そうでないことは過小評価されていくのである。

同様の構図が、幽霊や雪男（イエティ）、UFOなどの目撃証言でも起きているにちがいない。友人と一緒に真っ白な雪山をえんえんと歩いているときに、友人が雪男を目撃したと、その姿を語る。自分は目撃していないのだけれど、疲労と酸素不足で意識も朦朧（もうろう）とした中で、友人の話と同じ雪男を自分も見たという記憶がたびたびつくられるのだ。この手の目撃証言の記憶は、こういう具合に植えつけることができる。そしてそれが実験的に示されてもいるわけだ。

大勢が皆で同一の幽霊や雪男を見たという証言は、いっけん信用がおけるように思われる。しかし、目撃記憶の研究によって、その場で記録がとられてでもいない限り、とても信用がおけないことが明らかになっているのだ。

相関関係と因果関係

前々節で、お守りの効果について社会でデータをとって調べてほしい、と述べた。架空の調査データだが、交通事故を起こした車についての社会的調査で、表2のようなデータが得られたとしよう。

この調査データにもとづいて、お守りの効果が実証できたと結論できるだろうか。確かにお守りの有る無しと事故の重大さには、明らかに関係がある。お守りがあれば軽微な事故で、なければ重大事故になる傾向がある。こうした関係を**「相関関係」**という。しかし、それは表面的な関係であって**「因果関係」**ではない可能性があるのだ。

さて、これはどういう意味だろうか。まずわかりやすい問題から取り組んでみることにし

表2　事故の程度とお守りの有無との関係(架空データ)

	軽微な事故が起きた	重大な事故が起きた
車にお守りがある	やや多い	やや少ない
車にお守りがない	やや少ない	やや多い

よう。中学校で調査をしたら次の相関関係が得られるのだが、なぜかを考えてみる。

「身長の高い人ほど国語の成績が良く、身長の低い人ほど国語の成績が悪い」傾向がある。

このデータから、「バレーボールなどを練習して身長をのばせば国語がよくできるようになる」とか、「国語の勉強をすれば身長がのびる」とかの因果関係を主張したらどうだろうか。まさにこれが疑似科学なのだ。

相関関係とは、あるデータの変化と別のデータの変化に、単に関連があることをいう。ここでは何が原因であるかは問われず、両方のデータが連動して変化していることが問題となる。一方因果関係とは、ある原因によって他の結果がひき出されることをいう。たとえば「国語の勉強をする」ことが原因で「国語の成績がよくなる」という結果が得られるのである。

つまり、このデータの場合、身長と国語の成績の間に相関関係はあるが、直接の因果関係はないのだ。

では、これらの背景には、どのような因果関係があるのだろうか。重要な要素となるのは「年齢」である。身長が伸びる原因は「年齢に応じた成長」であり、国語の成績が向上する原因は「年齢に応じた学習の積み重ね」である。年齢が共通原因だといってもよい。中学校全体では、低学年の生徒は身長も低いし、国語の習熟度も低い。高学年はその逆である。年齢を分けずにデータを集計したので、身長と国語の成績の間に見かけ上、相関関係が出ただけなのである。

さて、表2に戻ろう。お守りと事故の程度にも、別の共通原因がないだろうか。それは、ドライバーの不安感の有無である。自分の技能に不安感があるドライバーは、不安をまぎらすためにお守りに頼り、不安があるゆえに安全運転に心がける。不安感がないドライバーはお守りには頼らず、スピードを出す無謀運転になりやすく、技能は高いがいったん事故が起きると重大になりやすい。このように考えると、表2の調査データがお守りの効果を実証したとはいえないのである。

最後にもうひとつ練習問題をやってみよう。

次の文言は、ある食品メーカーが一九九七年に日本ではじめてキシリトールを含有したガムを発売したときの広告表示である。問題点を指摘せよ（解答は本章末にある）。

「天然素材甘味料キシリトールはフィンランドで生まれました。五歳児でむし歯になったことのない子どもはフィンランドでは七〇％もいます。日本では二三％です。むし歯の原因にならない天然素材甘味料キシリトール」

原因をつきとめるにはどうしたらよいか

表2の調査が、相関関係が得られても因果関係とはいえなかったのに対し、お守りの実験は「お守りが直接効果を及ぼした」という因果関係を吟味する実験となっていた。両者の決定的な違いは何だろうか。

それは、影響するかもしれない他の条件を、お守りをもっているときともっていないときで同一に管理統制（コントロール）することの違いである。

悪い例をあげれば、休日にお守りをもっていき、平日にもっていかないという実験をすることである。これでは、仕事をする平日ばかりにそもそも悪いことが起きていただけだった場合に、お守りをもっていなかったせいだと、実験結果にもとづいて因果関係を誤解してしまう。お守りをもっていくかいかないかを、毎日コインを振ってランダムに決めるのがよいだろう（注6）。

表2の調査で同一に管理されてない条件は、ドライバーの性格であった。そこで、ドライバーの性格にかかわらず、抽選で車にお守りをおくかおかないかを、あらかじめ管理するとよい。実験であれば、このように条件を管理して実施でき、因果関係に迫れるのである。

一方の調査の場合、こうした条件管理が難しい。たとえば、「中学校に情報メディア設備を導入すると、教育効果が高まるかどうか」を吟味する調査では普通、「設備導入されている学校群とされていない学校群で、成績を比較調査」する。ところが、そもそも資金繰りが良好な学校は、情報メディア設備だけでなく、少人数教育が行き届いているとか、副教材を多数使っているなど、他の教育環境も整っている可能性が高く、それらが原因で教育効果があがっているのかもしれない（注7）。

こういう比較をするときには、その他の教育環境による差はないのかをあわせて吟味する必要があるのだ。たとえば、少人数教育が同じくらい行き届いている学校群同士で比較する、といった具合だ。ところが、教育環境による差をすべて洗い出すのは結局のところかなり難しく、どんなに注意深く吟味しても隠れた差が残ってしまうのが実際のところだろう。

ただ、この情報メディア設備の教育効果の有無を、実験で吟味する方法もあるにはある。学校に設備導入されたら、今年の生徒には使用させ、来年の生徒には使用させないという措置を、一年おきに繰り返していくのだ。二十年くらい繰り返してデータがたまったところで、使用させた年とさせなかった年で生徒の成績を比較する。そうすることで、本当に効果があったのか、それともそうでなかったのかがわかる。しかし、現実的にこの実験が実施困難であることは言うまでもない。

結局、調査によって得られたデータは、すぐには信用できない。だから、提示されたデータが調査なのか実験なのか、実験であれば条件はどのくらい管理されているかを吟味する必要がある。実験が不可能で、あくまで調査にすぎないのであれば、他のいろいろな検討事項を含めて考えていかねばならない。そうでないと、得られた結果は疑似科学に陥ってしまうことだろう。

それらの検討事項については、第2部で解説していく。

前節の問題の解答：キシリトールの使用の有無とむし歯の有無の間には、相関関係が見られるが、因果関係とはいえない。フィンランドでは日本以上にさまざまなむし歯予防対策がとられている。それらの予防対策の有無が、むし歯の有無に影響しているのが実態である。キシリトール使用が影響したとしても、そのひとつにすぎない。ゆえに、キシリトールの効果を実態以上に数字で印象づけようとしている点では、疑似科学的広告といえる。なお、フィンランドの実情は別にして、キシリトールがむし歯になりにくい甘味料であることは間違いない。

注1　この種のさまざまな実験は行動経済学の分野で論じられている。友野典男『行動経済学――経済は「感情」で動いている』（光文社新書）に詳しく紹介されている。

注2　この手の行動は、無意識に働く心理が鍵になっている。下條信輔『サブリミナル・マインド――潜在的人間観のゆくえ』（中公新書）に詳しく紹介されている。

注3　体験の問題については、菊池聡『なぜ疑似科学を信じるのか――思い込みが生みだすニセの科学』（DOJIN選書）に詳しく紹介されている。

注4　この差が偶然で生じる範囲かどうかを判定する統計的方法が「カイ2乗検定」である。具体的な計算方法は、統計学の初等教科書に書かれているが、拙書『サイコロとExcelで体感する統計解析』（共立出版）を紹介しておく。

注5　目撃証言の信憑性研究は、厳島行雄ほか『目撃証言の心理学』（北大路書房）などに詳述されている。

注6　これを無作為化比較対照試験（RCT：Randomized Controlled Trial）という。無作為（ランダム）に多数テストして平均値を比較することで、管理できない隠れた要因の影響を相殺する方法である。10章（190ページ）で改めて詳しく解説する。

注7　これは、高野陽太郎ほか『心理学研究法――心を見つめる科学のまなざし』（有斐閣アルマbasic）にて論じられている例である。

第2部

pseudo science

体験を知識に格上げする

～いかにして科学となるか

第2部では、体験から規則性を見出して、科学として発展した事例から、科学となるには何が必要かを見ていく。それは同時に、科学として発展していない疑似科学の反省点にも相当する。

科学は、観測や実験を通して新しいデータを獲得することと、理論が発展したり改訂されたりすることの、循環作用で成り立っている。データと理論を比較すると、理論がより重要である。なぜなら、どのようなデータが必要か、観測や実験が妥当であるかなどが、どれも理論によって正当化されるからである。

そのため科学の革命的な転換は、魅力的な理論の登場によってもたらされる。魅力的な理論とは、①説明が合理的で論理性に富んでおり、②さまざまなデータを広く説明できる普遍性をもち、③他の理論と整合して体系性が築け、④社会で有効に使える理論である。

自然科学の場合は、観測や実験が比較的容易で新データが次々に得られ、理論の優勢さが明らかになりやすい。それでも先端科学分野ではまだ不確定なところが多く、それらが疑似科学に利用される傾向がある。

一方、社会科学や人文科学では、データが得られにくいので、多くの理論が林立しやすい。その白黒つきにくい特性が、根も葉もない疑似科学の温床になる傾向がある。

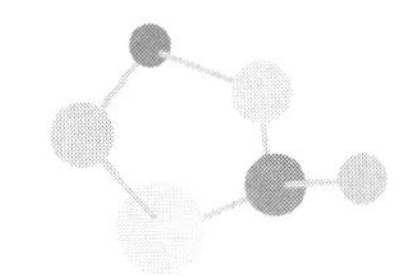

4章 天文学もオカルトに由来する

なぜ星占いに魅力があるのか

夜空を見上げると幾千もの星が見える。それらの星の一つひとつが太陽のような恒星(こうせい)であり、その一部が惑星を伴っている。たぶん、それらの惑星の中には、生命が生息可能な星があるのだろう。ことによると、どこかに異星人がいるのかもしれない。その異星人もこうやって夜空を見上げているのだろうか。でも、あまりにも遠いので、その異星人がＵＦＯに乗って地球に来ているなんてことはないよなぁ。

これが現代の科学的知識である天文学にのっとった、適切な夜空の味わい方になっている。夜空を見上げる異星人がいるかどうかはよくわからないが、先史時代の祖先が私たちと同様、広大な夜空を見上げていたのはほとんど確実である。

祖先たちは、今の私たちと同じ星々の配列を見て、それらに畏敬(いけい)の念を抱いていたのだろう。どこでいつ獲物がとれるかのパターンや、日々の天気の変わり方に規則を見出すのにたいへん苦労をしている時代にあって、夜空の星々は天気がよければ、必ず毎晩一定の配置を見せてくれる。その配置は一二回の月の満ち欠けに応じて位置を移動し、四季の気候変化に見事に対応している。

現代のように夜の照明がなかった時代には、夜空を見上げる時間も、星々について考える時間も十分にあった。聡明な動物である人類が、天空の規則を見出したとしても全く不思議ではない。事実、世界各地に天体の位置移動に合わせた石の遺跡が残されている。

しかし祖先たちは、聡明なだけに思いこみも大きかった。「ある星座が天空のある位置に来ると雨期に入る」などのパターンから、星座が雨期をもたらす神であるかのように解釈をした。その証拠に、オリオンやカシオペアなどの神々の名称が、今日の星座の名称に残っている。

こうして、星の配列や位置関係から地上の現象を予測する「星占い」が生まれた。たとえば、火星と金星がサソリ座の位置で接近すると戦争が起きる、といった具合である。地上の物事が天体によって秩序づけられているという考え方は、世界を意味づける点でも魅力があったにちがいない。

星占いは、先史時代の経験からすれば、しごく合理的な発想だった。しかし現代の私たちにすれば、それは架空の物語にすぎない。オリオン座を見上げてもオリオンの姿を見ることはできず、「これがオリオンに見えるなんて、なんと想像力が豊かなこと」と、せいぜい祖先たちの思い込み（確証バイアスの強さ）を実感するだけである。

祖先たちが夜空に輝く星に神々を見たのに対し、なぜ私たちはそれを遠くにある太陽と同様の恒星だと見るのだろうか。また、前者が大いなる物語であるのに対し、なぜ後者は科学的事実となっているのだろうか。同じ観測事実をもとにしているのだが、両者は違う解釈になっている。これらの差異は、科学的探究の歴史によってもたらされているのだ。

物語を科学的事実にするのは何か、本章ではその点を中心に掘り下げていく。

天動説VS地動説

星々の動きから法則を見つけ、素朴にモデル化すると、地球を中心に太陽が回り、月が回り、そして天空の星々が回るという、同心の天球を重ねた天動説になる。

なお、**モデル**というのは、法則の組み合わせを模式的に表した表現である。たとえば戦車のプラモデルは、本物の戦車のようには砲弾を発射しないが、戦車の形という点では本物を忠実に再現している。それと同様に同心天球モデルは、本物の天体運動そのものではないが、運動の規則性だけを抽出して表現し、わかりやすい説明を提供するものである。

同心天球モデルを主張した代表的な人物は、ギリシア時代のアリストテレスだ。アリストテレスの同心天球モデルでは、火星や金星など（今日でいう惑星）の不規則な運動をする天体ごとに異なる仕組みの天球を想定した関係で、天球の数が五五にのぼっていた。それでも同心であるので、地球と惑星の距離は一年中一定とされており、地球から見たそれらの天体の明るさの変化など、観測事実との齟齬（そご）が依然としてあった（注1）。

同心天球モデルに改良を加え、今日の天動説として集大成したのがプトレマイオスである。二世紀のエジプトで活躍したプトレマイオスは、天文学者であると同時に、西洋占星術の祖でもあった。

彼は、惑星の不規則運動を、地球を中心とした同心円上を動く点を中心に「周転円」なるものがあり、その上を当の惑星が動くということで、うまいこと説明した。そのうえで彼は、惑星の距離変化に伴う観測事実を説明するため、同心円の中心を地球から少しずらすという改良を加えた。

このことは、データを説明可能とはしたのだが、それとひきかえに、地球を中心とした同心円（または球）というシンプルさを犠牲にしたのである。

さて、千年以上も続いたこのプトレマイオスの天動説に対抗する説が、十六世紀のコペルニクスによる地動説である。太陽を中心に、水星、金星、地球、火星、木星、土星という各惑星が同心円上に並び、月は地球を回る衛星であるという、今日の天文学における太陽系の描像が彼によって提案された。

十七世紀、この地動説の正当性をめぐって、ガリレオがローマ教皇と闘い、有罪となったのは周知の事実である。しかし、ローマ教皇によってこの裁判の誤りが認められたのは、彼の死から実に三百年以上が経過した二十世紀末になってからだったのだ。

どんなデータにも対抗できた天動説

天動説と地動説の闘いで、重要な役割をしたのはデータなのか、それとも理論なのかを考えてみよう。地動説が勝利をおさめたのは、「地動説が現実に正しいのだから、あたりまえだ」と思うかもしれないが、歴史を掘り起こすと必ずしもそうではない。

天動説が優勢だった千年間に目をやると次の事実がわかる。天体観測はずっと続けられていたが、新しいデータによっても天動説が否定されることはなかった。都合の悪いデータが得られても、そのデータの説明のために補助的な仮説（周転円など）が導入されたり、ときには観測の誤りとしてデータ自体が捨てられたりしたのである。

つまり、たとえどんなデータが現れてきても、当時の本流理論である天動説の土台は、盤石（ばんじゃく）なものだったのだ。

そして、この天動説の土台が本格的に揺らぐのは、新理論である地動説が対立仮説として現れてからだった。

地動説が優勢の理論となったのは、天動説よりも「よりよく」データを説明したからである。同心円のシンプルさを失い複雑化した天動説にくらべ、地動説は少ない円の数で天体運動を説明した。

さらにもうひとつ、ガリレオからニュートンまでの時代に発展した「物体運動の物理法則」に、地動説は合致したのである。軽い物体が重たい物体の周囲を回る「万有引力の法則」が媒介になり、地上の物体運動と天体の運動が体系的に、同一理論で理解できるようになったのだ。物理学と天文学が融合して、今日の宇宙物理学の幕が開いたといえよう。

既存の理論は、新しい対抗理論とデータをもとにして闘い、対抗理論の魅力に負け、革命的にくつがえるのだ。ここでいう魅力とは、理論の論理性、体系性、普遍性などである（終章参照）。

この勝負は、決定的なデータによって勝負がつくような機械的なものではなく、人々のものの見方や考え方を左右する社会的要因が大きい。地動説の場合、より厳密なデータは望遠鏡の普及によってもたらされるのだが、それはガリレオ以降のことである。

何が観測データであるか、どんなデータが集まるかさえも、理論の影響を受けるのだ（注2）。たとえば、天動説を擁護（ようご）する宗教家たちは、天上の神を冒瀆（ぼうとく）する行為だとして望遠鏡による観測を認めない姿勢をとることができた。これにより望遠鏡の普及も阻止できる。

つまり、理論の革命的転換には、データも理論も必要なのだが、とりわけ対抗理論の魅力とその社会的受容が重要というわけだ。

あらゆる理論は仮説

天動説と地動説の闘いから、「既存データを同じくらい説明する理論が複数あったら、より簡潔(シンプル)なほうの理論を採用すべき」という教訓が得られている。この教訓が意味するところを深く考えてみる。

図2の□に入るべき数を推理すると、いくつがふさわしいだろうか。順番にいくつずつ増えているかを調べると、1、2、2、4、2、4、2となっているので、次の仮説を提起できる。

「最初の1、2以降は2、4の増加パターンがずっと続いているので、次は4増えて23、また戻って2、4と増加するので、25、29と続くだろう」

この例題は、まさに八回の観測で得られたデータにもとづいて九回目以降を予測する課題と考えられる。観測で得られたデータから規則性を抽出して仮説を立てる科学的手順だ。

図2　□に入る数は何か？

2、3、5、7、11、13、17、19、□、□、□、・・・

さて、実際に九回から一一回目の観測をしたら、23、29、31であったとしよう。23は仮説に合致したが、29は誤っていた。そこで、仮説を改訂して、次の仮説が提起できる。

「最初1、2と増加し、それ以降は2、4という増加パターンが三回続いた。ところが、一〇回目の観測から増加パターンが変わって6、2に変化したのだ。だから、次は6増えて37が、その次は2増えて39が観測されるだろう」

実際に一二回目の観測をしたところ37であり、改訂した仮説と合致した。ところが、次の一三回目の観測は41であり、合致しなかった。さて次の仮説の改訂は……。

観測結果に合わせて、えんえんと説明し続ける仮説を提案できることがわかるだろう。しかしこれは「**後**（あと）**づけ**」の仮説で、観測結果を事前に十分に予測することができていない。おまけに説明は改訂を重ねて、どんどん長く複雑になっている。

もうおわかりとは思うが、正解とされる仮説は「素数（自分自身と1でしか割れない数）を小さい順に並べた」である。この仮説のほうが、これまでの観測データをより的確に説明するし、今後の観測データも揺らぎなく予測する。先の「2、4という増加パターンが三回続いた」という部分は、なぜ四回続かないのかの理由が明確でないところに注意されたい。このような不明確なところがあると、予測が揺らいでしまう。

そのうえ、「素数を小さい順に並べた」という仮説には、ある種の潔さがある。一〇回目の観測が29でなく、25であったならば、仮説が根本的に間違っていると、すぐにわかる（25は5で割れるので素数でない）。これを**「反証可能性」**という（注3）。改訂を重ねている仮説は、反証可能でない仮説であり、潔くないうえ、将来の観測結果の予測性能も悪い、ということである。

ただし、「素数を小さい順に並べた」という仮説が登場するまでは、その改訂を重ねる仮説が覇権をにぎるわけだ。これが、天動説と地動説の闘いで起きた構図に相当する。そのうえ、疑似科学と科学の闘いにも同様の構図が見受けられるのである。

現在正しいとされる理論についても、いつ魅力的な対抗理論が現れるかもわからない。その意味では、あらゆる理論は仮説なのである。だが、仮説だからといって、すべての仮説の価値が低いわけではない。科学とされる有用な仮説と、疑似科学のような無用な仮説があるのだ。

疑似科学としての占星術

天文学と同時に発祥した西洋占星術は、「天空の星が地上の現象に影響を与える」という影響力の原理を導入した。占星術を行う人々にとっては、天動説と地動説という天文学上の大問題にはそれほど興味はなく、天体の運行を説明できるのであればどちらでもよかった。

占星術の中でもっとも流行したのは、出生時ホロスコープである。人々は誕生したとき位置していた天体（太陽と月と諸惑星）の影響を受けており、それが一生の運命に大きく寄与しているとの考えだ。直感的には、「星のもとに生まれる」という言葉があるように、天体の影響というのは、宿命の源として受け入れやすい考えではある。

ホロスコープでは、出生時に天空のどの位置に各天体があるか、それらの天体がどのような位置関係にあるかによって分析する。天体同士は六〇度や一二〇度の位置関係にあれば、よい影響を及ぼし合っているとか、九〇度や一八〇度だと、悪い影響であるなどとされる。分析にはいくつもの流派があり、それぞれが膨大な理論体系をもっている（注4）。

しかし、こうした影響力の原理は、発展する天文学や物理学との相性が悪かった。導入する以上、なぜ星々の影響力が人間に及ぶのかを理論化する必要があったのだが、占星術ではそれは暗黙の前提として扱われ、影響力の是非については省みられてこなかった。つまり、理論の内部体系には、そこそこ論理的な仕組みを築いているものの、他の学問領域と整合的な体系を築くのには無関心だったといえる。

出生時ホロスコープは、理論面に加えてデータ面でも重大な欠陥がある。「出生時の天体がある位置に応じて特有の人生を送る」と予測する以上、それを検証したデータがあるべきなのだが、そういったデータはないのである。

唯一、ミッシェル・ゴークランなる人物がデータの検証を行った例があるが、予測の通りになっていなかった。一部、火星が特定の位置にあるときに生まれた人はスポーツ選手になりやすいという傾向がわずかに出たが、これは標準的なホロスコープ解釈には指摘されていない傾向性であった。

影響力の原理を信じ込んだがため、占星術は天文学のような科学としての発展をせずに、疑似科学のまま停滞したといえる。近年、依然として流行している星占いは、占星術の奥義にもとづくとしながらも、占い作家が我流で「本日のラッキーカラーは……」などの言説をつくり出しているだけである。

科学とオカルト

よく「科学とオカルトは紙一重」などの言説が聞かれる。しかし、科学とオカルトは、まったく異なっている。科学はオープンで公共性の高い営みである(注5)。地動説が正しいと主張するのであれば、どのような経緯でその説が正当化されたかが、公然となっている（公共性については7章で再度触れる）。

それに対してオカルトは、文字通り「隠された原理（クオリタス・オックルタ）」をもっており、究極の根本原理が秘匿されている。占星術は、その意味でオカルトである。天体の影響力が暗黙の前提になっており、それがなぜ起きるのかが疑われることなく、占いが進められてしまうためだ。

オカルトがなぜ疑似科学になりやすいかというと、理論の改訂がなされにくいからである。たとえば、冥王星は一九三〇年に見つかって太陽系の第九惑星となっていたが、その小ささと成り立ちの違いから、二〇〇六年に小惑星と再分類された。同様な小惑星は他にもいくつか発見されており、そのひとつとなったのだ。

このような状況の変化に占星術は、冥王星を入れるか入れないか、入れるとしたらどのような影響力があるか、なぜ他の小惑星は考慮しないのかを理由づけねばならない。ところが、影響力の原理が明らかではないので、結局のところ、場当たり的な対応をするしかない。こうした対応の相違で、現実に流派が分かれていく。

こうした事情は、多くの宗教でも同様である。昔に書かれた教典を頭から正しいと想定すると、オカルトになってしまうのだ。教典の正しさを支える原理が秘匿されているので、時代に応じて教典を改訂できない。

宗教は科学を目指していないので、科学の原理を宗教に当てはめるのは的外れかもしれない。しかし、最近は科学をうたう宗教も散見されるので、注意をするにこしたことはない。科学とオカルトの区別をしっかりしておくことが、疑似科学に陥らないための知恵のひとつである。

注1　このあたりの科学史上の展開は、野家啓一『科学哲学への招待』（ちくま学芸文庫）を参照されたい。

注2　これは「データの理論負荷性」と呼ばれ、N・R・ハンソン『科学的発見のパターン』（講談社学術文庫）が指摘した。「多数のデータが蓄積すれば自然と理論ができる」という直感を是正するものであった。

注3　反証可能性を提案し、科学的理論の要件として重視したのは、カール・R・ポパー『推測と反駁──科学的知識の発展』（法政大学出版局）である。ただ、反証可能性を重視すると、人文科学や社会科学の理論のほとんどはその要件を満たさず、科学的理論でなくなってしまう。ひとつの理想的要件と位置づけるのがよいだろう。

注4　占星術や後述のミッシェル・ゴークランについて詳しくは、アルバート・S・ライオンズ『図説世界占術大全──魔術から科学へ』（原書房）などを参照されたい。また、疑似科学評定サイトの「占星術」や「手相術」の項目もあわせて参考にされたい。

注5　科学とオカルトの関係については、池田清彦『科学とオカルト』（講談社学術文庫）に詳述されている。

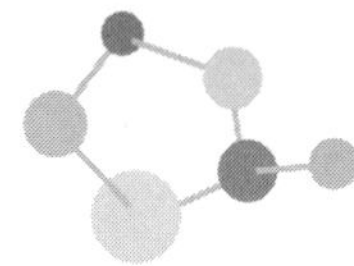

5章 見せかけの先端科学にご用心

科学が明かす人間の本性

人間は本来、善なのか悪なのか。紀元前の中国では諸子百家（しょしひゃっか）が興（おこ）り、こうした議論が重ねられていた。性善説を唱えた孟子（もうし）は、あらゆる人々が仁義礼智の徳の源を備えて生まれてくるが、外的な誘惑によって悪事をなす者が出てくると考えた。一方、性悪説を唱えた荀子（じゅんし）は、人はみな利己的な欲望にまみれて生まれてくるが、社会で徳を身につけてそうした欲望を制御し、善行をなすと考えた。

性善説にしろ、性悪説にしろ、人の心には生まれながらの核があり、そのうえで社会的な経験を積むことによって、本来の核とは異なる心の表層が形成されるというモデルにのっとっている。このモデルにもとづいて、自分の心を反省すると、今の自分の心は表層なのか核なのかという疑問が、自然に生まれる。

そうした疑問を利用するのが自己啓発セミナーである。「本当の自分を発見しよう」というのが、自己啓発セミナーの典型的な宣伝文句である。今の自分に満足できないでいると、どこかに別の本当の自分があるような気持ちになり、それを探したくなるのだ。

それに対して心の核はないとするのが、十七世紀のイギリス経験論である。なかでもジョン・ロックは、生まれたときの人の心はタブラ・ラサ（空白の石板）であり、生後の経験こそが心をつくるとした。

その発想を心理学に持ちこんだのが、アメリカのジョン・ワトソンである。彼は「心は行動である」という解釈のもと、行動主義心理学を唱え、一九二〇年代から五〇年代まで世界の心理学を席巻した。生後の教育によってどんな人間をつくることも可能と豪語（ごうご）したため、教育学にも多大の影響を与えた。

心はすべて教育によって形成されるとなると、今の自分に満足できない場合、新たな自分をつくろうとなる。教育産業に大きな期待が寄せられる。また、ある種の教育を行う限界の年齢があるという言説から、早期教育ビジネスが勃興するようにもなる。一般に、私たちが期待をいだくことは商売の種になるので、先端科学のまだ不確実な成果が利用されて、その期待を満たすような使われ方がなされるのである。

自己啓発セミナーも早期教育ビジネスも、科学的な支えがあると主張しているのであれば、あらかたは疑似科学である。なぜなら、人間の本性（ほんせい）の科学的描像は、現在のところ進化生物学を心理学に展開した「心のモジュール理論」が有力視されているからである（注1）。

ここでいうモジュールとは、人間行動のうえで「まとまった機能を有する単位」を意味する。たとえば、方向感覚のモジュールは、狩りで走り回っても獲物を持ち帰る居住地の方向がわかる機能を有し、それは集団が生きのびるのに貢献したので、私たち人間に進化し、身についている。

心は進化で形成された

人間が哺乳類の仲間であることは、その身体機能から見て疑う余地がない。イヌやネコと暮らしていれば、喜怒哀楽の基本的感情が彼（女）らにもあることはおのずとわかってくる。こうした哺乳類の中でも人間に一番近い存在は、チンパンジーやボノボなどの霊長類（サルの仲間）である。いつもボスを目指して群れの中で抗争を続けているチンパンジーを見ると、性悪説があてはまり、抗争を嫌い皆と協調しながら穏和な生活を送るボノボを見ると、性善説があてはまるように思える。

人間の場合はどうなっているかというと、じつはその両方なのである。人類の祖先の動物が、木の上でチンパンジーと同様に、自分ひとりで木の実を調達していたときは、利己的な欲望に応じた行動傾向が身についた。この時点では、性悪説の方があてはまりそうである。

しかし、人類（ホモ属）へと進化し、草原で狩猟採集の生活を送るようになると、身の回りに十分な食料がなくなった。大型の獲物を集団で仕留めねばならなかったので、協力的な行動傾向が身についたのだ。つまり、性善説にのっとった機能だといえる。どちらにしても「生き残るために必要な機能」として、私たち人間はこれを獲得したのである。

また、心の機能には、きわめて多くの種類がある。森での生活時代に培（つちか）った、喜び、恐れ、怒り、子への愛、物理的な思考など、それから、草原での生活時代に育（はぐく）んだ、友情、恩義、嫉妬（しっと）、平等感、社会的な思考など、多くのモジュールが、私たちの心に同居しているのである。

これらの機能モジュールは、生まれながらに準備されていて、必要なときに発揮される。危険な環境に生きていれば、恐れの感情が強く発揮されるようになるし、周りの人々と協力して生活すれば、義理人情にあつくなるし、お金に依存して生きるようになれば、計算高くなるのである。これが経験の作用である。つまり経験は、すでに備わっている機能のどれを重点的に発揮するかを、左右しているのである。

整理しよう。人類は生物進化の過程で、生活に必要な諸機能を身につけてきた。過酷な生き残り競争を勝ち抜いてきた私たちは、それらの源となるモジュールを、あらかたもって生まれてくるのだ。ただし、個人によって、それらの潜在的な機能の高さ（強みや弱み）はいろいろである。そのうえ生育環境や生後の経験が、どの機能を発揮させ、高めるかの選択に寄与しているのだ。

初等教育は、読み書き計算などの、草原の生活では必要なかった特殊な機能を高める役割をしている。また宗教は、協力して生活するという幻想を与えることで、道徳的な機能の発揮を促す役割をしている。自分らしさを求めて心の内側を探しても見つからず、外で社会とかかわることによって、自分の強みとなる機能が表面化するわけだ。

これが、心のモジュール理論である。そしてこれは、単なる思想ではなく、科学なのだ。なぜなら、生物学の知見から体系的に支えられており、強固な観測データを基盤にしているからである。次節からはこの点をもう少し詳しく見ていこう。

進歩する遺伝情報の科学

私たちは誰でも、「子どもの顔や体つきは、その母親や父親と似ている」という事実を知っている。つまり、身体的特徴や体格は遺伝するということだ。また、遺伝を司(つかさど)るのは、DNAと呼ばれる二重らせん構造をもった生体分子であることが、一九五〇年代に判明した。DNAは四種類の塩基の配列によって遺伝情報を形成しており、ヒトでは数十億の塩基が配列している。

この塩基配列のちょっとした差異が、身体的特徴や体格の違いをもたらしているのである。ヒトとチンパンジーとは身体的特徴も行動的特徴もそれなりに異なっているが、DNAの塩基配列は九八%以上までが同一だ。生物種全体で見れば、ヒトとチンパンジーの遺伝情報はきわめて似ており、これはヒトがサルの仲間から進化したと断定できる強力な根拠でもある。

たとえば博物学では、さまざまな動物種について、身体的特徴による分類がかねてよりなされていた。そして進化の過程で、どの動物とどの動物が近縁種で同じ祖先から分岐してきたなどを示す、進化系統樹が描かれてきたのだ。それらの動物種についても次々にＤＮＡが分析されており、身体的特徴による進化系統分類と、ＤＮＡの塩基配列変化にもとづく進化系統分類が、おおよそ一致することが判明している。

これらの事実からＤＮＡは、遺伝情報を担う中核物質であり、身体的特徴はその遺伝情報から形成されることが明確になってきているのだ。

また、動物の行動的特徴についても、その多くはＤＮＡに組み込まれていると推測される。これは、小さな動物でもかなり複雑な行動を生まれながらにとれるからである。

たとえば、カッコウのヒナがとる本能的行動は注目に値（あたい）する。カッコウは托卵（たくらん）といって、アカモズなどの他の鳥の巣に、卵を産みつけて、その鳥に自分の子どもを養育させている。つまり、生まれてくるカッコウのヒナは別の種の鳥を親として育つわけだ。

当然のことながら、ここで生存競争が発生する。すなわち、托卵されたカッコウのヒナと、もともとその巣にいた種の鳥との間で、である。一見すると、単身敵地に放り込まれたカッコウのヒナの方が生存においてあまりに不利な状況のように見える。ところが、卵からかえったカッコウのヒナは、誰からも教わることがないにもかかわらず、ライバルとなるアカモズの卵を背負って巣から落とし、生存競争に勝利するのだ（注2）。

DNAか環境か――双子の研究

次の疑問は、性格や能力などの心理的特徴までもが、DNAの遺伝情報から形成されるか、という点である。この疑問に肯定的なデータを提供したのが、双子の研究である。

双子には、一卵性と二卵性の二種類があることが知られている。一卵性の双子は受精卵が増殖中に分離して、まったく同じDNAをもつ子どもが二人生まれる場合である。一方、二卵性の双子は、未受精卵がそもそも二つあり、それぞれに異なる精子が受精する場合であり、DNAレベルでは兄弟姉妹と同程度の差異である。

兄弟姉妹と同程度の差異とは、まったく同じDNAと、赤の他人に相当するDNA差異（それにしても同じ人間なのでかなり似ているが）のちょうど中間の差異とされる。これは、哺乳類が有性生殖する生物だからである。未受精卵が母親のDNAをシャッフルして半分ひきつぎ、精子が父親のＤＮＡをシャッフルして半分ひきつぐ。だから、母親と父親が赤の他人だった（同族結婚でない）場合、子どもは母親に半分似ていて、父親に半分似ているのだ。同じ理屈で、兄弟姉妹同士も平均して半分似ているのである。

少々ややこしい話になったが、ここでは一卵性の双子同士はまったく同じＤＮＡをもつが、二卵性の双子は（赤の他人と比較して）平均して半分しか似ていないと理解してほしい。なぜなら、この事実が、遺伝か経験かの判定に使えるからだ。

出産の一％弱が双子であるので、比較や検討をするのには十分な事例がある。その中で一九七〇年代から数千組の双子について、性格や能力の類似性の比較調査が行われてきた。通常、親は双子が一卵性だろうが、二卵性だろうが同じように育てるだろう。ということは、かりに性格や能力への遺伝的影響が皆無であるとすると、性格や能力の差異は、生後の経験だけに左右されることになるので、一卵性双子の差異と二卵性双子の差異は、平均すると同程度になるはずである。

ところが、調査の結果、二卵性双子の差異に比べて、一卵性双子の差異はきわめて小さかったのである。つまり心理的特徴は、ＤＮＡによって決定づけられている部分があるということだ。分析によると、遺伝によって説明できる割合が、外向性などの性格では三から四

一卵性双子と二卵性双子

割、多くの能力ではそれより大きく、スポーツや音楽の能力では九割にものぼっている(注3)。

こうした双子の調査は世界各地で行われて、同様な結果を得ており、非常に再現性の高いデータとなっている。ただし調査対象は、先進国の標準的家庭であるため、いわゆる途上国における栄養不足などの過酷な状況は含まれていない。そうした状況も含めると、生後の経験(栄養状態や家庭環境など)によって説明できる割合のほうがもっと高まるだろう。しかし、たとえ経験による説明割合が高まったとしても、DNAによって決定づけられる割合は依然として大きいと推測される。

次々に判明する「脳の拠点」

生物学の知見により、人間の本性は「空白の石板」ではなく、多くの生まれながらの機能をもつことが、双子の研究から明らかになった。しかしだからといって、性善説や性悪説のように人類共通の心の核があるかというとそうではない。人類が総じてもつ機能群はあるが、個々人については、どの機能が強いか弱いかの差異があり、ときには特定の機能を喪失していることさえもある。

たとえば恐怖の感情について考えてみよう。恐怖は危険のサインであるので、恐怖の感情がないと危険を回避できずに、死ぬ確率が増してしまう。そのため恐怖感情を喪失した個体が現れても子孫を残すことができず、生物進化の過程で淘汰(とうた)されてしまったにちがいない。だから、生き残った個体の子孫である私たちも、普通は恐怖感情をもちあわせて生まれてくるはずなのだ。

しかし、現代の生活環境では身の回りの危険がかなり減っている。だから恐怖感情がなくても生きのびられるようになってきている。安全な環境では、恐怖感情を喪失した個体が増えてくる。同じように、環境が変化すると必要でなくなった機能が個体によって、弱くなったり喪失したりする。環境が時代や地域によって多様になると、なおさら機能の強弱の多様性が増していくのだ。

こうして形成されるのが、体格・性格・能力といった個性である。個性を形づくる大もとは、生まれつきの素質のバラエティに由来している。しかし、個性の発揮には環境が重要になるので、いろいろな環境に身をおき、自分の強みが活かせる場所を発見するのがよいだろう。

さて、機能を喪失していることがDNAの遺伝情報の分析でわかるかというと、現時点ではほとんど無理である。原理的には可能なはずだが、DNAのどの部分がどの機能に対応しているかが明らかではない（後述の一部の病気については例外）。

たとえば、恐怖感情を司っているDNAがどこにあるのかはわかっていない。というか、いくつかのDNA部分の遺伝情報が合わさって、恐怖感情のモジュールが形成されているだろうと推測されている。一カ所で担っているとすれば、対応関係がすぐにわかってしかるべきだからだ。

DNAレベルでなく、DNAによってつくられる脳の構造レベルでは、恐怖感情の拠点がわかっている。脳の中心部に近い大脳辺縁系にある扁桃体（アーモンドの粒状なのでこう呼ばれる）がそれにあたり、恐怖感情の喪失者の多くに、この扁桃体の委縮が見られている（注4）。現在、脳の断層撮像技術が飛躍的に進歩し、脳の活動状況がリアルタイムでモニターできる。つまり、行動的特徴や心理的特徴を担う脳の拠点が、次々に判明するようになってきているのだ。

遺伝と脳に関する疑似科学

近年、遺伝や脳に関する科学が長足の進歩をとげているが、その成果が市民に伝えられると、実態以上に過剰に進歩していると誤解される傾向がある。そしてそれが疑似科学を生んでいる。

この手の典型的な疑似科学は、「ＤＮＡによる性格や能力の診断」である。確かに、一部の病気の発病の可能性がＤＮＡ診断できることが知られており、この診断は実用化されている。これは発病者のＤＮＡから特徴的な部分が見つかっているので、同じ特徴をもっている人は、同様に発病しやすいという原理を使用している。これについては一部の病気に限って可能なことを、まず認識しておく必要がある。

では、性格や能力についてはどうかというと、そう単純ではない。一部のＤＮＡの遺伝情報によって決まるのではなく、恐怖感情と同様に、複数のＤＮＡ部分の総合的な作用で決まると推定されている。となると現時点での研究レベルでは、「ＤＮＡによる性格や能力の診断」はとても行えないのだ。当てずっぽうの推測にとどまっている疑似科学であるはずなのだが、すでにいくつかのビジネスが立ち上がっている。

疑似科学であっても、たまたま音楽の才能のある子どものＤＮＡ診断をして「音楽の才能あり」と、偶然に妥当な診断を下せることがあり、それを「成功例」として宣伝できる。反対側の「失敗例」がどれだけあるかが隠されたまま、人々は信じ込んでしまうのである。

同じ構図は、血液型性格診断でも起きている。ＡＢＯ血液型の遺伝情報によって性格が決まるということだが、先の議論と同様、性格は特定の遺伝情報との対応関係がない。そのうえ血液型性格診断は、多くの心理学者によって性格との相関はないか、あってもきわめて低いので診断には使えないと再三確認されている（私自身も実際に調査して確認した）。血液型性格診断は、風評から信じられているにすぎない疑似科学なのだ（注５）。

疑似科学評定サイトでも「血液型性格診断」が取り上げられている。そこでは最初の問題点として「性格が何を意味するかが不明瞭である」という論理性の欠如が指摘される（本書では13章でこの点を議論する）。次に、データの再現性や客観性に乏しく、結果として理論的妥当性の低い主張が行われている。そしてその主張は、科学的な公共性が担保されないマスメディアなどで繰り返されている現状であり、最終的に「疑似科学」と判定されている。

脳に関する疑似科学も多い。脳の断層撮像によって、脳が栄養をたくさん消費しているところが写真に撮れるので、あたかも何でもわかるように市民は誤解してしまう。脳の断層撮像写真が掲載されているだけで、科学記事の信用性が増すことも調査で明らかになっている（注6）。じつは写真を見ても、脳の神経回路がどのように動作しているかまではわからないのだ。

これに関連して生じた疑似科学が、二〇〇二年頃から話題になった「ゲーム脳」である。ゲームをしているときの脳を調べたら前頭葉が活発でなかったので、ゲームばかりしていると高度な意思判断機能が失われてしまう、とした言説が広く流布された。前頭葉は高度な意思判断をする拠点であるから「ゲーム脳になったらたいへんだ」という警告に使われたのである。ゲームばかりしている子どもたちを見た親の不安が、これに拍車をかけたのだろう。

確かに記憶のトレーニングを繰り返すと、先の扁桃体の隣に位置する海馬（かいば）（タツノオトシ

扁桃体と海馬

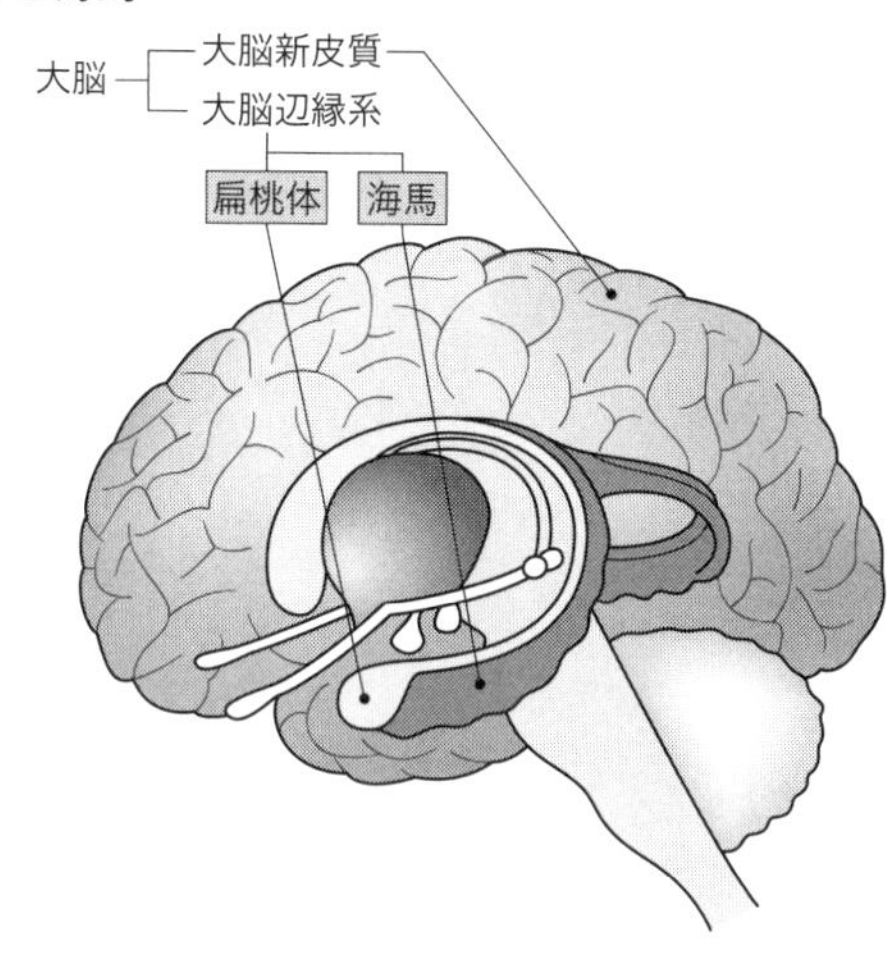

ゴのような形状から名づけられた）が活発に働き、実際に体積が増加して記憶力も上がることが知られている。脳の部位を使うということが、脳の発達にプラスに働くのは間違いないのだろう。

だからといって、ゲームをすると前頭葉が委縮するという主張は行き過ぎだ（注7）。高度な意思判断が必要なゲームもあるし、断層撮像には写らない「洗練された意思判断」がなされている可能性もある。

たとえば、テニスの初心者はラケットを振り回したり、コートをやたらに走り回ったりと、非効率な身体の使い方をしがちだ。しかし、だんだんと熟練すると、ラケットを軽く振ってボールをうまくコントロールしたり、ボールが来る位置に先回りしたりと、体力を節約できる。

活発な神経回路とは、初心者によくある非効率なエネルギーの使い方をしている状態なのかもしれない。事実、断層撮像に写る脳の活動度合いが、熟練度に応じて低下することも知られている。ゲームに熟練していたがために、前頭葉は洗練された意思判断をしていて、エネルギーをあまり使っていなかった。だから、働いてないと誤解された可能性も高いのである。

先進的テクノロジーの成果は、その技術や研究分野に精通していない場合は、すぐには飛びつかないほうがよい。いろいろな誤りや、疑似科学のワナがひそんでいることが多いのだ。

注1　モジュール理論の普及にもっとも貢献したのは、進化心理学者のスティーブン・ピンカーである。彼は『心の仕組み』（ちくま学芸文庫）にてモジュール理論の詳細を論じた後、経験主義者からの批判に抗して『人間の本性を考える――心は「空白の石板」か』（ＮＨＫブックス）を著した。

注2　こうした行動的特徴の進化生物学的分析については、長谷川寿一／長谷川眞理子『進化と人間行動』（東京大学出版会）を参照されたい。

注3　双子研究については、安藤寿康『遺伝マインド――遺伝子が織り成す行動と文化』（有斐閣）に詳述されている。

注4　筆者は「脳科学」の授業も受け持っているが、脳科学の初学者には、リタ・カーター『ビジュアル版　新・脳と心の地形図――思考・感情・意識の深淵に向かって』（原書房）を薦めている。

注5　社会調査の結果、血液型による典型的な差がわずかに出ることがあるが、これは自己成就である。自分の血液型を認識してその典型的な性格とされる行動を自らとっている可能性が大きい。社会心理学者の山岡重行は、テレビをよく見る人に、この自己成就が検出されると報告している。血液型性格診断の問題は、たとえば山岡重行『ダメな大人にならないための心理学』（ブレーン出版）に詳述されている。

注6　こうしたことを如実に示した事例として、物理学者のアラン・ソーカルによって一九九〇年代に引き起こされたソーカル事件というものがある。ソーカルは、科学用語をそれらしくちりばめ、内容としてはまったく意味のない論文を人文学の論評誌に投稿した。これは、自分の論文の疑似性が見抜かれるかどうかをソーカルが意図的に試したものである。しかし、その論評誌はソーカ

ルの論文をそのまま掲載してしまい大騒ぎとなった。このように、専門研究にたずさわる者でさえも、ときとしてだまされてしまうことがあるのだ。顚末はアラン・ソーカル／ジャン・ブリクモン『「知」の欺瞞――ポストモダン思想における科学の濫用』（岩波現代文庫）に詳しい。

注7　脳科学への過剰な期待を問題視した著作には、河野哲也『暴走する脳科学――哲学・倫理学からの批判的検討』（光文社新書）がある。

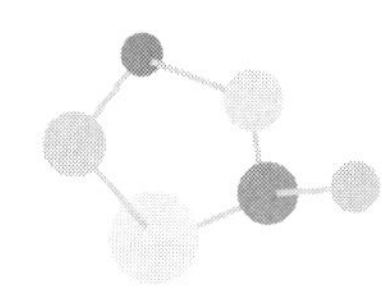

6章 封印された超能力の科学

明治末期の千里眼実験

明治末期の新聞を見るとおもしろい。催眠術、精神霊動、千里眼といった文字を大きく印刷した広告が並んでいる。そこでは、人をあやつる怪しい技能を教えるとか、行方不明の人や物を霊力で探すとかのビジネスが宣伝されている。「この頃の人々は、こうした疑似科学にだまされていたのだな」と思ってしまう。

科学としての心理学は、一八七九年にドイツのライプチッヒ大学にヴィルヘルム・ヴントが心理学の実験室を作ったことから始まる。1章で紹介した心霊研究協会がロンドンで設立されたのもこの頃である。人間を科学的に究明するうえで、心理と心霊の研究は同時期に立ち上がっており、当時、両者は渾然一体となり、明確には区別されていなかった。

それから二十年あまりが経過した明治末期の日本において、西洋から科学が輸入された。そこではやはり、心理と心霊と超能力が一緒くたになっていた。同じ頃熊本では、千里眼を使うという御船千鶴子なる人物が話題になっており、当時の東京帝国大学の助教授、福来友吉のもとにこの千里眼を吟味するよう依頼がきた。彼のところにこうした調査依頼がもちこまれるのは、ごく自然な状況であった。何せ彼は、日本で初めて心理学研究で文学博士号を取得した心理学界の重鎮だったからだ(注1)。

福来は、科学者として妥当な態度をとった。まず通信実験のために、千里眼で透視するターゲットを精密に作ったのだ。自分がもらった名刺から無作為に十数枚を選び、その表面にスズ箔を貼った。それを一枚ずつ不透明な紙にはさんでそれぞれ封筒に入れ、各封筒には薄紙を貼りつけ割り印を押した。こうしておけば、破らない限り中身は見えない。

熊本にその封筒を一九枚送ったところ、七枚について透視が成功したとして、未開封の封筒七枚と、各封筒に対応する透視結果が返送されてきた。福来は、薄紙等に破れがないことを確認したうえで、ターゲットとなる名刺と、透視結果をつき合わせた。すると、七枚中三枚が完全的中（うち一枚のターゲットは白紙であり、「見えず」という透視結果であった）、四枚も活字のかなりの部分は的中していた。名刺の多様性を考えると、もしこれが透視だとしたら、たいへんな精度だろう。

のちに懐疑論者は、千鶴子は中身を盗み見しており、七枚しか返送されてこなかったのが、その証拠だと主張する。七枚については痕跡を残さず開封でき、残りの一二枚は封筒をうまく開けられず破ってしまったので返送できなかったというのだ。

残りの一二枚を返送させなかった点は、福来に実験者としての配慮が足りなかったといえる。しかし彼は、この実験で科学的な工夫をしていた。名刺に貼ったスズ箔を小さくして一部の文字しか隠さないようにしてあった。これにより、スズ箔が覆った部分と覆わなかった部分で文字の読み取り精度が変われば、透視とされるものが光を使っているかどうかが、推測できるからだ。

あいにくスズ箔の影響は見られず、スズ箔が覆った部分の透視も高成績であった。しかし一方で、もし盗み見ているのであれば、わざわざスズ箔が破れないようにはがしてまた元に戻すというのは、奇妙である。スズ箔が覆っていない文字だけを報告すれば、盗み見は成功だからだ。

ともあれ、福来は通信実験の成果に驚き、本物の千里眼かどうか確かめたいと、熊本まで実験を実施しに行ったのだった。

大学を追われた福来友吉

福来は熊本で、千鶴子に鉄瓶（てつびん）実験を行って成功をおさめた。鉄瓶実験とは、口の部分をハンダでふさぎ、蓋を薄紙で糊づけした鉄瓶の中に、ターゲットとなる文字を書いた紙を入れて透視をするものだ。福来は、千里眼は本物だと確信するが、千鶴子が鉄瓶を抱えて立ち合い者に背を向けながら透視を行うので、その実験方法では説得力が欠けると考えた。

そこで福来は、鉛管（えんかん）実験というものを考案した。鉛管実験では、一〇センチほどに短く切った鉛管を叩いて平たくし、中にターゲットとなる文字を書いた紙を入れ、両端をハンダづけしたものを透視する。これならば盗み見は絶対にできない。一九一〇年、千鶴子は東京に呼ばれ、東京帝国大学の総長を務めた物理学者の山川健次郎の前でこの鉛管実験に挑戦した。

ところが千鶴子は、山川が用意した鉛管ターゲットがうまく透視できなかった。そこで、前日に福来がわたした練習用の鉛管ターゲットのほうを（どれでもよいと思ったらしく、すりかえて）透視し、うまく的中させたのだ。山川は自分が用意したものではないと指摘したため、千鶴子と福来が結託しているのではないかという嫌疑がかかって大騒ぎとなった。

その後、汚名返上の鉛管実験はうまくいかず、鉄瓶実験には成功するものの、失意のうちに千鶴子は熊本に帰る。千鶴子は地元でもトラブルに巻きこまれ、翌年二十五歳の若さで服毒自殺をとげた。

福来の元には、他の千里眼能力者の調査依頼ももちこまれ、山川の立ち会い実験も再度行われたが、それも実験としては不成功に終わった。これでは、再現性が得られないという烙印を押されたのも同然である。

一九一三年、総長の職にあった山川は、当時の社会的状況を鑑み、このまま千里眼の研究を続けるならば帝国大学にはいられないと、福来にせまった。千里眼研究に意義を見出してしまった福来は、山川の助言を受け入れることはできず、帝国大学を追われたのである。

この福来の失脚を契機に、日本の心理学では、再現性のある客観的実験にもとづいたうえ、物理学などの自然科学と接続しうる研究でないと、心理学研究にならないという風潮が確立された。心霊や超能力と分かれて、心理学が現代化していくわけである。

今日のマスメディアの広告を見ると、催眠術も霊感占いも、魔よけの壺のビジネスも見当たらない。ごくまれに仏像が美術品として売られる広告が見られるだけである。これは、新聞やテレビの業界団体が悪徳商法とされるビジネスの広告を掲載しないという姿勢を打ち出した結果である。

現代メディアの広告は明治時代のそれとは大きく様変わりしたかに見える。しかし、代わりに登場しているのが、サプリメントなどを含む、いわゆる健康食品の広告だ。これが現代の疑似科学だと考えれば、依然として広告は疑似科学に占有されているといえよう（この点は10章で議論する）。

まさに疑似科学が社会を動かしているようだ。

ＥＳＰの科学的研究

心理学が、心霊や超能力と分かれて現代化したのは、日本に限らず全世界的な現象であった。１章で述べたように、心霊研究は一九二〇年までには下火になってしまうが、欧米では

ＥＳＰカード

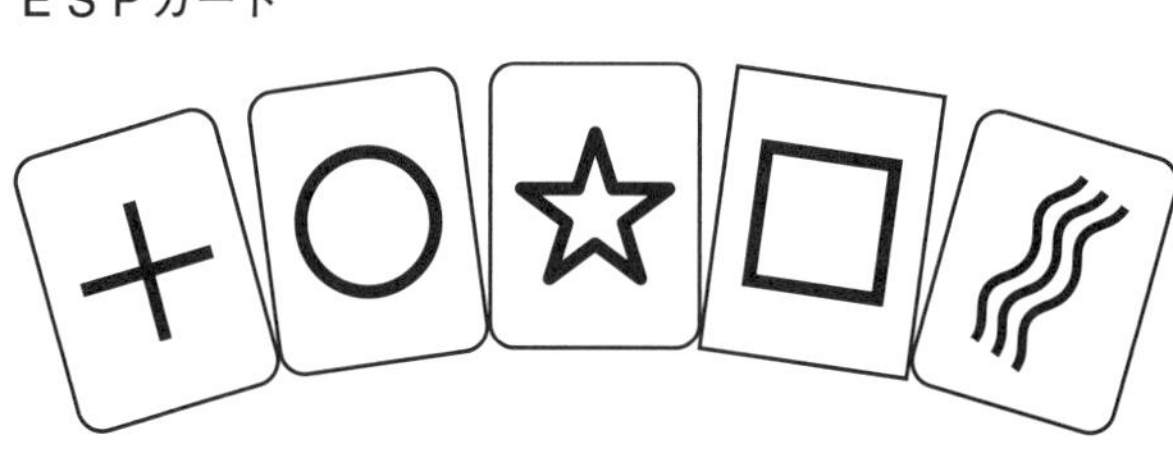

超能力研究として一九三〇年代に復活するのである。
これを推進したのは、アメリカのデューク大学教授、Ｊ・Ｂ・ラインである。彼は、霊媒師を使った交霊会を実験の場にしていたそれまでの心霊研究から脱却して、大学の研究室で一般人を相手にした機械的な透視実験を研究対象とした。この研究分野を超心理学（Parapsychology）と名づけ、透視やテレパシーなどの超能力をＥＳＰ（Extra-Sensory Perception「感覚器官以外の知覚」という意味）と定義して、精力的な研究を展開した（注２）。
なかでも○、□、☆、十字、波形の五種類の記号を印刷したＥＳＰカードを作成し、短時間に透視やテレパシーの課題を何百回も行う方法を開発した点が評価される。その簡便な研究方法が、欧米で広く採用され、たくさんの論文が発表された。ラインは発表の場として一九三七年に『超心理学論文誌 Journal of Parapsychology』の発刊を始めた。また、一九五七年には超心理学協会 Parapsychological Association という研究者団体が発足し、一九六九年にはアメリカの科学振興協会に学術団体として認定されている。

この『超心理学論文誌』は現在でも引き続き刊行が続いており、超心理学協会もまた、毎年国際会議を開催している。ロンドンの心霊研究協会は、名称こそ昔のままだが、今では実質上、超心理学の研究を行っている。

社会的な体制を見る限り超心理学は、れっきとした科学のように見える。これを例題にして、科学と疑似科学を見分ける基準について考えてみよう。

懐疑論争による厳密化

感覚器官を使わずに情報伝達ができるというESPは、その前提からして物理法則にまっこうから反している。そのためESPの実験結果には、懐疑の目が向けられてきた。懐疑論者は、物理学者であったり、超能力を排斥したい心理学者であったり、ESPとは手品にすぎないとする奇術師であったりした。

皮肉なことに、この懐疑論争によってESP実験では、心理学分野では他に例を見ないような厳密な実験体制が確立された。論争を受けて超心理学者が実験や分析の方法を高度化していったのだ。

たとえば、ごく初期の実験は、机においたESPカードや誰かが見つめているESPカードの記号を当てるといった、素朴な形で行われていた。しかし、これではカードに特定のキズがついて識別可能になっている可能性がある。そこで、ついたてを置いたり別々の部屋に隔離したりと、ターゲットとなるカードが見えない形で実験が実施されるようになった。

またESP実験は、ターゲットを決定する、ESPの発揮結果を記録する、その決定と記録が合致するかどうか判定する、という三段階からなる。そのため、ESPの発揮結果を記録した紙に、実験者が次々とターゲットを記入していくと、のちの合致判定には便利だが、当たっているように誤って記録してしまう懸念があり、それも指摘された。

そこで、決定したターゲットと発揮結果とを、まったく別の実験者が別の紙にいったん記録したうえで、そのコピーをまた別な実験者にそれぞれわたし、その中立的な第三者が合致を判定するという、徹底的な対策がとられた。現在ではコンピュータによって、記録が一貫して管理されており、厳密さはさらに向上している。

もうひとつ懐疑論者の重要な指摘として**「お蔵入り」**（出版バイアスと呼ぶこともある）がある。研究者はESP実験の結果が良好であると論文などで広く報告するが、そうでないと失敗だと思い、報告を手控える傾向がある。この場合、報告されている研究だけで分析すると、本当は効果がなくても平均値が肯定的になってしまうのだ。このお蔵入りは、生物学や医学など、他の研究分野でも同様の問題となっている。

超心理学分野では、早くから懐疑論争がなされて、この問題に直面していた。そのため、一九七〇年代から行ったESP実験は、いっけん失敗実験でも、実験条件を明記して報告することが奨励されてきた。

今日では、報告が多数なされていれば、お蔵入りがあるかどうかを検出する分析も進歩しており、ESP実験の結果全体では、お蔵入りでは説明がつかないほどの肯定的データが出ていることが判明している(注3)。すなわち、統計的にではあるが、再現性のあるデータが得られているわけである。

超心理学は科学か

このような発展をとげている超心理学は科学なのか、それとも疑似科学なのか。もし超心理学が疑似科学だとすると、超心理学よりも厳密性に欠ける心理学分野が少なくないため、それらはみな疑似科学だということになる（この一端は13章で紹介する）。かといって超心理学を科学とするには、いくつか問題もある。

そういうわけで、超心理学が科学と疑似科学のあいだのグレーゾーンに位置するのは間違いない。では、このグレーゾーンの判別にはどういった方法があるのだろうか。

超心理学の実験は、思い込みや誤りが入らないように厳密に企画され、客観的なデータが得られている。また、その結果は、統計的な分析によって、一定の再現性が得られている。こうした研究発表の場は、学会や論文誌のかたちで社会にオープンになっており、超心理学はオカルトである、と退けることもできない。

また百年近い研究の積み重ねと、懐疑論者を交えた議論の蓄積もあり、他の心理学分野に比べて、こうした検討の歴史もかなり充実している。

しかし一方で、超心理学には確固たる理論がない。一部、外向的な性格の者はESPを発揮しやすいとか、夢に似た意識状態のときにESPが起きやすいとか、周りの人々から受容される状況においてESP現象が出やすいなど、ESPと相関関係のある心理・社会的条件はいくつか判明している。ところがそれ以上の、因果関係を説明する物理的メカニズムや、次はこのような実験をすると究明が進むといった「ESP発揮のモデル」が提案できていない。

第2部の導入部で「科学革命は魅力的な理論で進む」と述べたが、超心理学には、革命を起こすような理論がいまだ見つかっていない。超心理学は科学的な方法にのっとって研究が進められており、その意味では科学であるが、確固たる理論がない段階にとどまっている。そのため、将来科学になる可能性のある未科学（未完成の科学）であるといえるだろう。

ただし、ＥＳＰ効果の大きさは非常に小さく、今のところ日常生活の役には立たない。かりに、ある占い師にＥＳＰ能力があるとしても、ＥＳＰで占いが当たる確率はきわめて低く、占いの精度に目立った改善はない。だから、ＥＳＰをうたったビジネスがあったのならば、それは疑似科学だろう（注４）。

心霊とは決別したか

さて超心理学だが、これがふたたび疑似科学に退行する恐れもある。超心理学は心霊研究を脱却したはずだが、超心理学者の一部はいまだに心霊研究に思いを寄せており、ＥＳＰ発揮の説明に霊魂モデルを使う傾向が残っている。

たとえば、千里眼は「魂が抜け出して遠くのできごとを見て戻ってきた現象」などと説明されることがある。ところが、こうした説明には数々の難点がある。人間の目による見え方というのは、生理学的によくわかっているのだが、魂が「見る」とはどういうことかが説明できていない。いったいどのように魂は封筒の中身を「見て」帰ってくるのだろうか。

霊魂モデルでは、魂が身体から抜け出すといろいろなことができるとし、ESPなどもその一端と説明する。そのためESPの存在が、霊魂が存在することの証明のように解釈されもするが、それでは問題を簡略化しすぎている。反対に、超心理学がつきとめた現象で、霊魂モデルを使わないと説明できない現象はほとんどないのだ。

たとえば、「こっくりさん」という霊魂との通信方法がよく知られている。文字を並べた紙の上に五円玉をおき、その五円玉に3人の人差指をのせて祈ると、霊魂が下りてきて五円玉を動かし、文字の上を次々に動き「霊魂の言葉」がつむぎ出されるとされる。

さらにこっくりさんでは、霊魂との会話で、誰も知らない事実が得られることまでもあるという。しかしかりに、その事実が正しいことが後で確認されても、それは霊魂の存在をつきとめたことにならないのだ。超心理学側からしてみると、こっくりさんで五円玉が動くのは、参加者が無意識に手を動かしているからであり、つむぎ出された事実も、参加者の透視能力ではないかと、推定できるからだ。

1章で取り上げたが、霊魂が存在するならば、霊魂を裏づける特有の観測データがたくさんあるべきなのだが、それはない。霊魂モデルを導入しても、超心理学に理論が欠けている問題は改善されない。それればかりか、自然科学との不整合性は輪をかけて大きくなってしまい、グレーゾーンどころか、かえって疑似科学の域に転落してしまう。

霊魂モデルの誘惑にかられる超心理学者は、ラインの時代に心霊研究から超心理学に転回した理由を、もう一度思い起こす必要がある。もし、超心理学に霊魂モデルを導入した主張がされるならば、あっという間に疑似科学だと見なされるだろう。

数学を使う科学は「やさしい科学」

では、超心理学の奇妙なデータは何を意味するのだろうか。私は、心理学に未解明の領域がまだ多く残っていることの証(あか)しだ、と思う。物を対象にした自然科学は、この数百年で多大の進歩をとげた。これは物にまつわる現象が、比較的単純で解明しやすかったためである。

物は、人の見方によって変わることがなく、客観的である。また、同一の物がたくさんあるので繰り返し実験に向き、実験の再現性も高い。それに、物の実験は、ここで行ってもあそこで行っても、大きな違いはない。実験室に隔離したからといって、物の性質が変化したりもしない。

それに対して人間は、同じ人で調査や実験を繰り返しても、時と場合によって結果が違ってくる。何とか結果を出しても、ほかの人にその結果を適用しにくい。人間は一人ひとり個性があるからだ。それに実験室に隔離すると緊張したり不平を感じたりと、前提となる条件が変わってしまう。

つまり物の研究は、比較的簡単で成果も出やすい「やさしい科学」なのだ。だからこそ、数百年という短い期間で大きな進歩をとげることができた。一般的に、自然科学を「数学を使う難しい科学だ」と見なす向きがあるが、実態は「数学が適用できるくらい簡単な現象を対象とする科学」なのだ。

人間や社会は、あまりにも複雑で究明が難しい。最近、経済や金融など、複雑な社会現象を数学でモデル化する研究が進んできたが、自然科学よりずっと複雑な数学を使っているのが実情だ。１章で紹介したジョン・ナッシュを含め、ノーベル経済学賞を受賞する研究者の多くが数学者なのもそのためだろう。

人間についての科学的究明は、遺伝情報や脳科学の助けを借りて、かなりの進展を見せてきた。しかし、究明はまだまだこれからである。難しい科学の研究に時間がかかるのは当然のことであり、この百年間で心理学が究明してきた事柄は、人間の実態のごくわずかな面でしかないことも、今後ますます明らかになるだろう。

現時点で、超心理学の成果が説明のつかないまま残る未科学であっても、何ら不思議なことではないのである(注5)。

注1　福来友吉の研究を詳述した最近の書籍としては、寺沢龍『透視も念写も事実である——福来友吉と千里眼事件』(草思社)が参考になる。
注2　超心理学研究について詳しくは、拙書『超心理学——封印された超常現象の科学』(紀伊國屋書店)を参照されたい。
注3　超心理学者のディーン・ラディンは、部屋を分離して行われた厳密なテレパシー実験すべて(八八論文、総計三一四五回)を分析(メタ分析)し、図示することで、「お蔵入り」がないことを

明示した。加えて〇・一六の（わずかではあるが）肯定的な効果量があり、統計的にきわめて有意な結果であった。詳しい分析は、ラディン『量子の宇宙でからみあう心たち――超能力研究最前線』（徳間書店）に書かれている。

注4　超能力現象ではESPと並んで念力が知られているが、念力は管理された実験ではほとんど検出できておらず、データの再現性がきわめて低い。そのため、疑似科学評定サイトでは、「ESP」の項目は未科学の評定となっている一方、「念力」の項目は「疑似科学～未科学」と、疑似科学の度合いが高い評定となっている。

注5　今後の心理学の発展には、哲学からのアプローチも不可欠に思われる。石川幹人／渡辺恒夫編著『入門・マインドサイエンスの思想――心の科学をめぐる現代哲学の論争』（新曜社）を参照されたい。

第3部

pseudo science

知識を社会で共有する

～科学を使う

第3部では、科学がどのように社会で利用されているかを見ていく。社会における科学のミッションは、将来の人類が心身ともにより充実した生活ができるようにすることである。だから科学は、将来が予測できるように発展しなければならない。たとえば、医学とは、薬に対する人体の反応パターンを法則化し、治療効果を予測できるようにしたものといえる。

規則的なパターンを法則化する科学は、そのパターンが将来も続く限り、予測が可能といえる。だが、パターンに忠実でない理論を立ててしまえば、予測はおぼつかない。また、一回限りの現象はパターン化できないので、科学が扱うのは難しく、疑似科学が入りこみやすい。

理論を立てずに将来の予測を可能にする別の方法もある。パターンを繰り返す技能や技術を確立することである。それらは科学とは違い、明文化した知識というかたちでの社会共有はされていないが、徒弟(とてい)関係などを通じて、そのノウハウを伝承することが可能である。ところが、十分な検証を継続的に行わないと、いい加減な伝承によって、疑似科学に陥る危険性がある。

また、社会における科学の位置づけには、誤解も多い。科学や科学者にありもしない権威を見出したり、不必要な冷たさや堅苦しさを感じたりもする。そうした科学の誤解が疑似科学を招き入れる場合もあるので、科学との向き合い方についても、再確認しておこう。

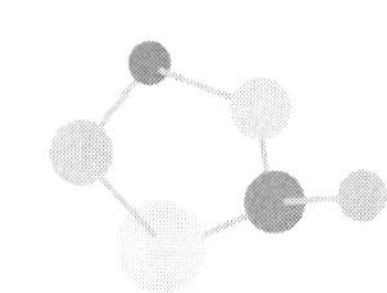

7章 科学は未来を予測する

科学的方法とは何か

例年4月に私は、新しく大学に入ってきた学生諸君に、科学に対するイメージを聞いている。さまざまなコメントがあり、考えさせられる。まず、科学として連想されるものには、宇宙、生命、物質などの「理科で学んだ知識」があげられている。理科は自然科学のことで、狭い意味ではそれが科学と呼ばれるので、無理もない。

しかし、本書でここまで扱ってきたように、科学には社会科学や人文科学も含まれる。それらの広範な科学は、どれも科学的方法を基礎にして探究している。**科学的方法**とは、繰り返しになるが、経験される規則的なパターンから法則を見出して、社会で活用することである。不確実なパターンがデータの収集・分析によって確実な法則になり、それらが組み合わさって理論になる。

良い理論は将来が予測でき、社会的に有用なのである。また、理論の一部の機能に特化して、モデルを築くこともある。良いモデルは、その機能に関して良い将来予測を与える（モデルについては4章の86ページですでに触れた）。

なお、哲学や芸術、文学などの分野は科学的方法をとっていないので、厳密にいうと人文科学ではない。たとえば哲学では、データを収集して何かを実証することはなく、むしろ、その科学的方法とはそもそも妥当なのか、などを議論する（注1）。そこで、人文科学の代わりに「人文学」という呼び方をすることも多い。

先の学生によるコメントでは、「科学は難しく堅苦しい」「科学は何でも割りきってしまう」などの、科学批判ともとれる否定的イメージが比較的多い。この辺は実態とは異なる誤ったイメージなので、改善が望まれる。

前章で述べたように、ある程度単純な現象でないと、そもそも科学で究明ができない。いまだ究明が及ばない、人間の深層心理などのほうが、よほど難しいのである。言葉を論理的に使うという意味で科学は堅苦しいのかもしれないが、哲学の言葉の厳密さに比べるとまだましだろう。科学は簡単なものから挑戦しているとさえいえる。

さらに、「何でも割りきる」という点は、物の挙動などの安定した現象を扱う場合にのみ、そう見えるだけだ。政策科学や経済学などは、とうてい割りきれない複雑な現象を取り扱っている。割りきらないと科学にならないので、複雑な現象も単純化しようとする科学者特有のアプローチが、誤解を招いているのかもしれない。

科学者や、科学を教える人の中に、冷たい性格や堅苦しい態度の人々が目立つことは指摘できる。私自身も反省すべきかもしれない。しかし科学自体は、複雑な現象も単純化して理論を作り、広くわかりやすくかつ利用できるものにしようとする、真摯（しんし）な取り組みなのである（なお、単純化したから本物とは違うという意味で、単純化を強調した文脈での「理論」は「モデル」と呼ばれる場合が多い）。

自然を破壊する科学という誤り

学生コメントで目立つ主張は、「科学は自然を破壊する」という科学不要論である。しかし、こうした悲しい主張がまったくの誤解であることを、まず述べておきたい。自然を破壊しているのは、人間や社会の営みであって、自然保護や破壊復旧にこそ本来、科学が貢献するのである。

現在もっとも自然破壊が起きているのは、東南アジアや南米の一部の国であり、そこでは広大な面積の森林が伐採されて焼かれ、畑や農園になっている。増大する人口をまかない、経済を維持するために当事者は必死に働いている。

日本では人口増加をしても（すでに減少に転じているが）、それほど自然破壊が起きなかったが、それは環境に配慮した規制と、それに対応した科学技術の開発をしたためだ。

私が小さい頃、東京の南側を流れる多摩川下流域の一部は、工場の廃液と生活下水によって汚染された、ドブ川のような状態であった。しかし今では、水質改善がなされ、昔のように魚も戻ってきている。その頃は大気汚染もひどく、川崎や四日市は喘息（ぜんそく）を起こす町とされていたが、排出ガスの規制できれいな大気が戻ってきた。これらも科学技術の賜物といえよう。

科学不要論を唱える人は、いかに今の文明的生活が科学によって支えられているかを考えるべきだと思う。衣・食・住・安全の生活要素のそれぞれに、人類の英知である科学の成果が、たくさん取り入れられているからだ。たとえば、世界の人口はこの百年間で、約四倍に急拡大しているが、これは、百年前に窒素肥料(注2)が開発されてから、農業収穫高が飛躍的に延びた影響が大きい。

科学から遠ざかり、山奥の村でほとんど自給自足の生活をしたいという気持ちから科学不要論を唱えるならば、わからなくもない。狩猟採集時代に人類は、長らくそうした生活をしていたので、私たちにもそのような生活への郷愁が残っているのだろう。

しかし、世界の人口は増えて、もはや自給自足の生活ができるような自然環境は、人類の人数分も残されていないのである。科学を失ったら、自給自足の場所をめぐって争いになるのは、目に見えている。争いにならないまでも自給自足の生活は、ことによると、お金持ちだけが可能な道楽となってもおかしくない。有機農法の農産物が高く売られている現状には、すでにその兆しが感じられる(注3)。

つまり、科学が発展したからこそ、世界の人口をまかなうだけの生活環境が地球上にかろうじて維持できているというのが、現実なのだ。人類みなが、これまでの科学の実績を正当に評価し、自然破壊が起きている原因の特定にも、その破壊防止と復旧にも、科学が使われているという実態を理解すべきなのだろう。

なぜ宝くじが当たったのか

皮肉なことに科学への不信感の一部は、科学への過剰な期待に由来している。災害が起きると、なぜ予測できなかったのかと、科学が糾弾(きゅうだん)される向きがある。科学者に意見をもとめれば、そこまで科学は進んでいないというのが、その本心だろう。

科学は過度に信頼されるからこそ、同時に批判の対象にもなる。社会心理学者の松井豊が高校生を対象にした調査で、次の興味深い事実が判明している。超常現象などの疑似科学を信奉する生徒は、男女ともその理由に「宗教的関心」とともに「科学の限界感」をあげているという(注4)。

科学に限界があるのは、当然である。なぜ自分がこのような人間で、彼や彼女でなく、今ここに生きているのか、という疑問に科学的な理由などはない。そうしたことに「科学の限界感」を覚え、宗教や超常現象に走る青少年が現れるのだろう。

また、科学で、宝くじが当たる確率を正確に示すことはできるが、誰に当たるかは予測できず、わからない。わからないからこそ、宝くじとして成立しているといえるだろう。

しかし人間は、宝くじが当たったならば、なぜ「自分に」当たったのかと疑問を呈する。それは偶然であり、理由などないのだが、自分の人生が大きく変わったことの原因を求めてしまう。前に述べたように、もとをただせば、それが「科学する人間の心」の現れなのである。

大事なことは、宗教や超常現象は「救い」になるのかもしれないが、衣食住や安全の提供には貢献しないということだ。データを集めて理論化し、議論して社会に応用していくといった、科学の民主的な取り組み以外に、文明を支える実用的な方法は、今のところ見出されていないのだ。

科学の限界を見きわめ、その限界付近（あるいはその外側）では何かに特別に信をおかないようにすることが、疑似科学に惑(まど)わされないためのひとつの重要な知恵だといえる。

説明できても予測ができない

科学の原理からして、一回限りの現象を「科学する」のは難しい。それでも繰り返しのパターンが抽出できれば、科学になる。気象予報を見ると台風の予測進路が示されており、そこそこ予測通りに台風が動くので、気象学の予測もたいしたものだと思う。

今では、地球全体の気象モデルが立てられ、コンピュータで予測を重ねている。実際の台風が来れば新しいデータが獲得できるので、予測進路とのずれを補正してモデルを改訂し、どんどん予測精度を上げている。まさに科学が発展するプロセスそのものだ。

ところが同じ発想は、地球温暖化には適用できない。全地球規模の産業の高度化に伴う温暖化現象は、歴史上初めてのことである。科学者はこれについてもモデルを立てて予測しているが、台風のように実データで補正してモデルを改訂するという手順が行えない。だから予測が不正確でもやむをえないのだ。地球温暖化にまつわる議論が絶えないのは、科学が苦手な一回限りの現象を扱っているからである。

私たちが住んでいるこの地球は、これからおのずと寒冷化の方向に向かう公算が大きい。

二百万年ほど前に人類（ホモ属）が現れてからこの方、地球は何十回もの氷河期に見舞われている。そしてその氷河期は現代に近づくほど、より寒くかつ長くなってきている。一万二千年ほど前に最後の氷河期が終わり、地球は急速に暖かくなった。そして人類は、農業を発明し、文明を発展させることができた。そう、現代はつかの間の温暖期なのであり、気候の周期を考えると、そろそろ次の氷河期に入ってもおかしくないのだ。地球温暖化への対策も重要だが、同時に寒冷化への備えも必要なのである。

こうした一回限りの現象は検証ができないので、理論がチェックされずに林立する。そして当然のことながら、疑似科学が入り込みやすく、科学との識別も難しくなる。

一方の宗教は、一回限りの現象についても信者に問われれば、理由を答えてしまう。「それも神の思し召し」という具合である。このような理由では、次の予測ができるはずがない。神が登場すると何でも「後づけ」で説明できてしまうが、その実、何も予測できない「万能理論」になってしまうのだ（1章の40ページと4章の91ページを参照）。

科学は未来を「予測」するが、疑似科学は未来を「予言」する。予測の根拠になるパターンを科学は公開するが、予言の根拠となる霊感やら何やらをオカルトは秘密にする。ときには市民には理解しにくい数式が登場することもある科学だが、いつまでも秘密のベールに包まれている疑似科学よりは、未来の予想が当たらなくとも、かなりましではないだろうか。

科学的知識よりも噂に力がある

前世紀末に、「ノストラダムスの大予言」というのが流行した。十六世紀に書かれた予言の詩が、その後の世界大戦などを具体的に予言していたと、「後づけ」で語られた。そのうえ、予言の詩の一部が、一九九九年に大災害が起きるとも解釈された。すなわち一九九九年は、「大予言の検証」の年であった。

よく「予言など科学的でない」と一笑に付す傾向があるが、これには科学的知識に矛盾するという以上の理由がある。それは、予言は検証されていないということだ。科学は予測と検証のサイクルからなるので、検証されていない予言は、それが検証されるまでは信じないほうがよい、というのが妥当な態度とされる。逆にいうと、「検証されていない理論は、偶然以上に予測できない」ことが、科学の成果なのである。

検証の一九九九年になったとき、私は学生に大予言についての印象を聞いてみた。多くの学生が苦笑いする中で、ひとりが明らかに不安そうな物言いをしている。「何か心配ですか」と聞くと、「皆が騒いでいるので」とその学生は答えた。実績のある科学の成果より、生来の「他者との共感」を優先しているように見えた。

科学的知識をいかにしっかりと身につけていたとしても、周囲の人々の意見に抗するのは難しい。私たちは集団の一員としてふるまうようにできているので、おのずと周囲の意見に合わせてしまう。だから、知識よりも噂のほうに影響力があるのだ。

一九九九年は案の定、何も起きずに推移した。予言の愛好者たちは、「マヤ暦から見て、次は二〇一二年が怪しい」と、懲りずに新しい予言を主張した。大災害が起きるとする、いわゆる終末予言は、超常現象研究家の羽仁礼が集めたところでは、過去五十年に四〇件も主張されているそうだ(注5)。ほとんど毎年に相当する率であるから、このままではいつ大災害が起きても何かの予言は的中してしまうだろう。

それでも、東日本大震災のあった二〇一一年は、終末予言が何もなかった年だった。これで予言の反証がなされたと、私は思うのだが、そんな指摘をしても注目されない。恐怖をあおる終末予言ばかりが相変わらず衆目を集めている。人間はとかく、生存を脅かす危険に目を奪われるものなのだ。

カルト宗教の団体が、よく終末予言をして信者を集めているが、たとえ、その予言の年になって何も起きなくとも、予言の日を先延ばしにして生きのび続けている。ときには、自ら爆弾などで終末を演出して、予言を自己成就する例もたびたび見られる（注6）。

予言にはかかわらないほうがよいという事実が、着々と積み重なっている。

創造説は有用か

5章では進化論を紹介したが、人間はサルから進化したという科学理論を認めない考え方がある。神が人間をつくり、次にサルを人間に似せてつくったという創造説である。考えてみれば、「人間とサルは同じ仲間だ」と分析されるよりも、「人間は神によって選ばれた特別な存在だ」と説かれるほうが素直に心地よい。気持ちのよいものを選んでしまうのは、人間の本性のなせる業なのだ。

また、人々が創造説を選びやすい理由は他にも指摘できる。それは、ある現象が起きたときに、人間はそれが自然に起きたと認識するよりも、主体的意図によって起こされたと認識する傾向が強いということである。社会集団の中では、後者の認識のほうが役に立つ。誰かが起こした現象ならば、その人にかけ合って現象を起こさないように頼みこむことができるからだ。ゆえに、人間はそのように認識する傾向が強いのだ。

一方、創造説の指摘にも一理ある。生物の進化はあまりにも速く、複雑な機能が次々に生まれてくるので、現在の進化論では説明がしにくいという批判などは、確かにその通りである。だが、科学の最先端にミステリーが残されているのは、別に不思議でも何でもない。それに、大きな進化が起きた状況は、生物の歴史に埋もれており、今からデータを収集するのが難しいのだ。生物進化の科学が進みにくいのも、そういう理由を考えれば当然のことといえるだろう。

つまり、科学の説明に難点があるからといって、神による創造説に軍配があがるわけではないのだ。神は何でも説明できるが、予測はしない存在なのである。だから、信仰の対象になっても、科学的究明の役には立たないわけだ。一方の進化論は、遺伝情報や脳の科学に支えられ、生物学だけでなく生理学や心理学に、ゆっくりではあるが多大な貢献をしはじめている(注7)。

このように、社会でどのくらい役に立っているかという**応用性**や、科学としての営みがどの程度重ねられてきたかという**歴史性**が、科学と疑似科学を識別するための、大きな手がかりとなるのだ。

注1　前章の最後の注で、心理学の発展には哲学が必要だと述べたが、これは、心の科学を展開するうえでは、従来の「物向き」の科学的方法を再検討し、哲学の視点からまずは「心向き」にする必要があるという趣旨である。

注2　植物は、土壌微生物が分解した窒素有機物（アンモニアなど）を栄養として根から吸い上げて利用している。その窒素有機物を人工合成する方法をドイツの化学者、フリッツ・ハーバーが発見し、窒素肥料が現実のものとなった。

注3　疑似科学評定サイトでは、「有機農業」の項目でこれらの問題をふまえ、「発展途上の科学」と評定している。単純に「有機農産物ならば良い」とする信仰的態度を越えて、将来性のある研究として捉えていきたい。

注4　松井の調査は、松井豊／上瀬由美子『社会と人間関係の心理学』（岩波書店）の第1章に報告されている。また、菊池聡は、科学への好意度が高い生徒ほど超常現象信奉が高い関係を明らかにした（教育心理学会大会、二〇一三）。科学的にものごとを考える青少年が、科学に限界を感じて疑似科学に期待を寄せているのだろうか。

注5　これは羽仁礼『超常現象大事典——永久保存版』（成甲書房）の「予言」の項目に一覧が掲載されている。

注6　記憶に新しいところでは、一九九三年のブランチ・ダビディアン教団（アメリカ・テキサス州）の武装闘争および集団自爆がある。ＦＢＩとの攻防がマスメディアにより全米に中継されたので、記録がよく残っている。なお、自爆すると公言してはいたが、本当に自爆したのか、それとも事故で大火災になったのかについては議論が残っている。

注7　人文系への進化論の展開に貢献したのは、認知哲学者のダニエル・デネットである。進化論は危険なまでに切れ味が鋭いと彼が主張した『ダーウィンの危険な思想——生命の意味と進化』（青土社）や、進化論から宗教を論じた『解明される宗教——進化論的アプローチ』（青土社）を参照されたい。

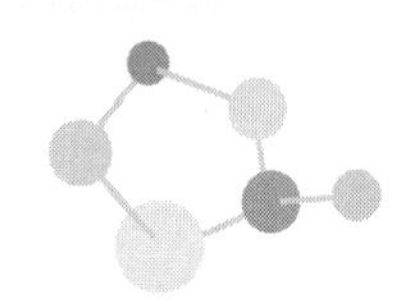

8章 「秘伝の技」と科学技術

気合いで人が倒れるか

アメリカで人気のドキュメンタリーチャンネル「ナショナルジオグラフィック」で、超常現象を暴く番組「超人的能力」が二〇〇八年に放映された。その中で二人の科学者が、気合いもろとも人を倒す武道の真偽にせまっていた。

取材対象となったジョージ・ギルマンが率いる道場では、高段者が修行で培った気合いをかけると、手を触れることなく、数人の弟子たちが一気に腰くだけになる。練習の様子を私が見たところによると、中国の気功と日本の合気道とを取り入れた、アメリカ独自の流派のようだ。

番組では、取材する科学者の一人が実際に、ギルマンの高弟(こうてい)であるレオン・ジェイ八段による気合いを受けて、倒れることがあるのかを実験した。弟子たちがほんの数秒で次々に倒れていく中で、気合いを受けた科学者のほうは、何分たっても涼しい顔の状態であった。この事実を目の前にしたギルマンは、次のように説明した。

「口の中で舌の位置をずらしておくとか、足の親指を片方浮かしておくとかすると、あの技(わざ)はきかない」

ほとんど言い訳にすぎない発言であるが、かりに本当だとしても大きな矛盾をはらんでいる。戦いのための武術が、そんなに簡単に破られてしまうのならば、武術として役に立たないではないか。

じつは私自身、日本で気功によって遠くから人を倒すという実演を、一般人にまじって科学者仲間とともに、見学したことがある。部外者たちに気合いをかけたのは、このときも道場主ではなく、その高弟であった。道場主が自ら実演して失敗すると言い訳できないが、高弟が失敗しても「まだ修行が足りない」と逃げを打てるからだというのは、穿(うが)った見方だろ

気合で倒れる弟子たち

うか。

高弟の実演には失敗と成功が入りまじっていた。私たち科学者仲間は誰ひとりとして倒されることがなかった。しかし、同行した一般人の三、四名は高弟の気合いに対して腰くだけになる様子を見せた。

道場主は、その様子を見ていて「もっとも反応のよい」二人を指名し、おもむろに実演を始めた。一〇メートルくらい離れた位置に対面して立たせ、軽く指をさすように左右に腕をふると、それにつられて左右に倒れそうになる。最後に大きく腕をふるとその方向に、まさに転がった。

実際のところ人々が気合いで倒れてしまうのは、暗示の効果だろう。権威者の言葉を命令のように受け取って、それに従う「被暗示性の高い人」だけが実演相手に使われているのだ。この点は、催眠術といっしょである。「従わない」という意志をもっていると、術にかからないのである。先の、舌や足の親指を意識していると技がきかないというのも、暗示から注意をそらすことによる効果とも解釈できる。

こと気合いにかんして、ドキュメンタリー番組も私の見学も残念な結果に終わった。本物ならば、疑り深い科学者も腰くだけにしてもらいたかった。そうでなくとも、後ろ向きに立たせた見学者を手振りだけでその方向に倒すなどの、暗示効果を排除した実演をしてほしかった（注1）。

私は何も、気合いのすべてを暗示効果で片づけたいのではない。よしんばそんなことをしたとしても、度をこした懐疑論者になるだけである。ただ私は、疑似科学かどうか常にチェックすることの必要性を感じているのだ。

伝承技能に適切な評価を

武術の極意などの技能は、師匠から弟子へと伝承される。それは一般的な知識とは違って明文化しにくいものであり、科学の重要な要件である理論を、普通は伴っていない。かつて剣術の達人は、気合いだけで相手の戦意を喪失させたという。このような技能が書かれた「秘伝の書」なども一部に伝えられてはいるが、門外漢がわかるような内容ではないだろう。

ただ、それでも科学として取り組んでみたい対象ではある。気合いで人を倒せるような極意が今でも伝承されているのであれば、科学的探究にはうってつけのテーマであり、研究成果が上がれば、人類にとっての価値も高いはずだからだ。

しかし、達人の極意と暗示効果の区別もつかずに伝承すると、真の極意が暗示効果に埋もれて、途絶えてしまう。真の極意が存在するのならば、秘伝というオカルトであっては危険である(4章95ページ参照)。吟味の機会をせばめ、疑似科学を呼びこむことになる。その極意を人々に対してオープンにして、良好な伝承機会を広く探ってほしいものである。

良好な伝承が、比較的うまく行われている技能分野が、漆塗り(うるし)などの伝統工芸だろう。この分野では、漆器(しっき)などの工芸品が目利きによって売買されることを通して、「達人の極意」が人々に評価され、怪しいニセ極意が侵入する余地をなくしている。

舞踊などの伝統芸能の分野では、伝承が危機的状況に来ているものが多い。工芸品と違って、舞踊はその場限りのため(映像に収録することも不可能ではないが)、人々にその価値を示していくのに難がある。こうした分野では、よく「伝承者が不足している」と言われるが、問題はそれだけではない。市民が伝統芸能を目にする機会が少なく、それを評価する目が養われていないのも大きな問題なのである。

市民が間接的にでも経験できる度合いが低い技能分野ほど、その伝承は難しくなってくるのである。貴重な技能を伝承していくために科学ができることは、修行の過程や成果の価値を広くオープンにし、科学の目線が入りうるかたちで運用することだろう。そして、この観点で成功をおさめたのが技術（エンジニアリング）である。

技術と工学の違い

日本の経済を支えているのは「ものづくりの技術」であるとか、日本は「科学技術立国」である、などの言い方が聞かれる。この技術とは、技能の中でも市民がその成果を享受できる度合いが高い、物に関する設計・生産の技術である。

日本は自動車や生産機械、携帯電話に使用される部品の製造で世界をリードしている。これらの技術開発には、産業の変化に対応した柔軟な発想が必要である。明文化された知識はそれほど多くなく、長年の経験で培った勘によって、次々と新しいアイデアを生み出していかねばならない。

これらの設計・生産の技術が、日本の企業によって良好に伝承されている理由は、製品に使用される部品の善し悪しが明確であり、常に評価されているからである。より小さな部品で高い性能を発揮するとか、部品の誤差が小さく完成品の信頼性が高いとかであれば、製品に積極的に使用される。その製品が売買されることによって間接的にではあるが、市民の評価が下されるわけである。

技術をもった職人たちは、使用実績の高い部品を目指して、日夜努力を重ねることができる。ものによっては、どうして良い部品がつくれるのかがよくわからないけれど、なぜか「こうすればうまくいく」という技術が確立し、仲間うちに伝承されていくのだ。

こうした技術は、技能のひとつであり、(前に述べたように) 理論が伴わない限り科学ではない。しかし、それを実践し、伝承していくうちに、明文化できるパターンを発見することがある。そして法則となり、理論となるうちに、科学の形を整えていく。これが**工学**(**工業科学**〈**テクノロジー**〉)なのだ。

工学としての科学が確立すれば、科学的な理論に裏打ちされた技術(これをとくに**科学技**

術と呼ぶ）を開発することが可能である。理論が正しければ、新規技術の開発速度も飛躍的に伸びていく。これが日本で起きている科学と技術の循環作用であり、その成果が科学技術なのである。このように、工学という科学と、その研究対象である技術、そして、工学の成果を反映した科学技術は、区別して理解される必要があるのだ（注2）。

ちなみに欧米では、工学の位置づけは低く、長らく専門学校で教育される対象であったが、日本では、それに対していち早く総合大学に工学が導入された。これこそ、日本の科学技術の強さの源かもしれない。

錬金術から化学が発展した

科学には理論が不可欠であるが、理論が十分に整備されていない技術であっても、実際に使えるのであれば、将来科学になりうるものとして重要視すべきである。この点を、世界各地で流行した錬金術（アルケミー）を事例にして、深く考えてみよう（注3）。

一部の山から産出する鉱石からとれる金は、錆（さ）びることなく輝きを維持できる金属として、文明の黎明（れいめい）期から珍重されてきた。交易の手段として金貨の形で広く使用され、また、為政者によって権力の象徴として扱われてもきた。

この金を、水銀や硫黄（いおう）などの他の物質を混ぜ合わせることで作れないかと、試行錯誤したのが錬金術師である。中世ヨーロッパでは、かのニュートンも錬金術に手を染めたと、笑い話のように語られるが、当時の知識から判断すると当然、挑戦すべき課題であることが理解できる。

錬金術の一部では、物質を何でも好きな物質に変えられるという魔法の「賢者の石」がどこかに存在するとされた。その石は人間さえも不老不死にすると伝えられ、それを探そうという、オカルトじみた展開を見せるまでになった。

結局のところ錬金術は、金を作れることもなかったし、賢者の石も発見できなかった。しかし、物質の混合実験の膨大なデータが残り、そこからパターンを発見でき、化学（ケミストリー）の発展に貢献したのである。金自体がひとつの元素として周期表に位置づけられ、「原子核反応をしない限りは、他の物質から作られることはない」と、科学理論として確定したのは一九世紀に入ってからのことだった。

錬金術が目指した目標は間違っていたが、収集したデータが化学に寄与したという事実は、科学が経験のうえに築かれる営みであるという点を、さらに明瞭にしている。科学は、何かの思想の裏づけをする手段ではなく、経験の集大成から有益な知見を得る営みなのである。

錬金術のように、当初の狙いとは違った失敗実験から、新しい科学理論が生まれることは数多い。一九四五年にペニシリンの発見でノーベル生理学・医学賞を受賞したアレクサンダー・フレミングは、細菌の培養器内にアオカビが発生した失敗実験において、アオカビが細菌の培養を抑える抗生物質ペニシリンを分泌していることに気づいた。

その後、抗生物質が細菌の増殖過程を阻害することがつきとめられ、効果プロセスが理論化された。ペニシリンは他の抗生物質とともに、細菌による感染症から人々を救い、人類の寿命を飛躍的に向上させることに貢献したのである。

疑似科学は何かの主張に使われるだけだ。しかし科学では、ときに失敗によって生まれた知見が、思わぬところで役に立つこともある。こういう傾向も、疑似科学と科学の識別に有効だろう。

発見された理論には検証が必要

技能や技術は、先に述べたように、長年の経験に由来する勘にもとづいて発揮される。それらは、実践的にはうまくいくものの、うまくいく理由はまだわからないという状況にあることが多い。たとえ理論的な仮説が立てられていても、その信憑性に確信をもてない「理論の**発見段階**」なのである。

この段階は、科学としては未完成段階といいえ、疑似科学の標的になりやすい。反面、疑似科学について考えるよい素材でもある。これを日常的話題から解説しよう。

たとえば、Aさんが病院にたびたび通っているという行動を見ていたので、「Aさんは病気なのだ」という仮説を立てた。この仮説は一見正しそうに見えるが、**帰納的推論**と呼ばれる、誤りを含む可能性のある立論に相当する(注4)。Aさんは病院関係の仕事をしているかもしれないし、誰かを見舞っているのかもしれないからだ。

帰納的推論の場合、確かに「病気ならば病院に行く」のは合理的だが、病院に行っているからといって、他の理由を考えずに病気だと断言することはできない。しかし、理論的な仮説を立てるには、こういった危ない橋をわたらざるをえない場合もある。誤りを怖れると何の仮説も立てられなくなるからだ。

そういうわけで、科学の現場における理論の発見段階では、誤りの可能性を含んだうえで、あえて積極的な立論を行うことにしている。この段階の理論は、不確実さを表現するために**仮説**と呼んだり、もっと明確に**作業仮説**と呼んだりして、確実な理論とは区別しているのだ。

一方、この段階の理論を、さも確実であるかのように理論、あるいは法則と呼ぶ傾向も一部にはある。そして、その傾向が疑似科学に利用される場合に問題が大きくなる。たとえば、幸運を引き寄せるテクニックと称する「引き寄せの法則」をうたった本が一時期注目されたが、これは明らかに疑似科学の範疇（はんちゅう）に相当する。

本来の科学では、仮説（つまり不確実な理論）は、検証によって確実かどうか確かめる作業が必要である。これが「理論の**検証段階**」である。

先の例でいえば、もし「Aさんは病気なのだ」という仮説が正しければ、Aさんについて「薬を飲んでいる」とか、「体調が悪い」といった状態が観察できるだろう。このように、仮説から必然的に引き出される結果を導く立論を、**演繹（えんえき）的推論**という。

つまり、「Aさんは病気だ」という仮説に対し、「病院にたびたび通っている」ことから推論するのが帰納的推論であり、「薬を飲んでいる」ことから「Aさんは病気だ」と推論するのが演繹的推論なのだ。

理論を確実にするには、対抗仮説の吟味が重要であることも指摘しておこう。先の例で、「Aさんは病院関係の仕事をしている」のであれば「Aさんは聴診器をもっている」などと推論できる。聴診器をもっていないことが実際に確かめられれば、対抗仮説の可能性が低くなり、「Aさんは病気なのだ」という仮説の正しさが増すわけだ。

さらには、仮説が正しければ起きないはずのこともチェックすべきである。たとえばAさんが病気だとすれば、「登山やダイビングなどの過酷なスポーツはしない」と帰結されるので、もしAさんがそうしたスポーツをしていることが観察されれば、仮説が正しくないと反証される。検証段階では、このような「反証に失敗する」ことによっても、仮説の確実さが増していく(注5)。

このように、理論の検証段階では、演繹的推論から得られた帰結を順次チェックしていく。検証が重ねられると、仮説にすぎないものがだんだんと確実な理論になっていくのである。

最近では、コンピュータを使った「モデル化とシミュレーション」という研究方法が話題になっている（7章で述べた気象予測など）。これは、理論の発見段階が「モデル化」に相当し、検証段階が「シミュレーション」に相当している。

モデル化段階においては誤りを怖れず、自由な発想で（モデルに相当する）プログラムを作る。そのモデルをシミュレーションによって、現実のデータと合致しているか何度もチェックする。合致しないところは、謙虚にモデルを修正していくわけだ。

このように、理論が論理的に構築されているかが、科学的営みにとってたいへん重要な要素になる。理論が論理的でなければ、データによる検証ができず、理論の誤りも改訂できないからだ。そして、検証が重ねられ、改訂が行われた歴史があれば、より確実な理論だといえるわけである。

科学的に証明された？

先端科学の成果についてメディア関係者に説明していると、「それは科学的に証明されているのですか」という質問がたびたびくる。質問した方は、科学によって何でも白黒つけられるという過剰な期待をもっているようだ。だが、科学に証明などは存在しない。確実な知識を求めたいという気持ちはわかるが、科学の成果はいつまでたっても仮説なのである（注6）。

そもそも発見段階でよく使われる帰納的推論は、「XならばY」が正しくてかつ「Y」が正しいときに、「X」が正しいとするなどの、離れ業（わざ）をやっている。もし「WならばY」も正しければ、正しいのはXでなくWかもしれない。だから、証明どころか誤りさえ招きかねない立論なのである。

一方、検証段階の演繹的推論は、「XならばY」が正しくてかつ「X」が正しいときに、「Y」が正しいと導くので、論理的には原則正しい。ところが、これにしても「XならばY」が正しいという前提が、一〇〇%受け容れられるわけではない。「病気ならば病院に行く」はふつう正しいが、病院ぎらいの人は行かないなどの例外もある。日常的な推論は、数学の世界と違って、前提に不確実さが伴うので、確実な推論ができないのだ。

証明とは、「前提が正しいとした数学的世界において、論理的に正しい推論の結果として導ける」という意味である（注7）。現実世界を扱う科学では、前提は常に疑わしく、厳密にいうと証明などありえないのだ。

以上をまとめると、注目する理論がどの程度まで検証段階を経ているかを常にチェックすることで、理論の確実さが判定でき、ひいては疑似科学を見抜くことにもつながる。理論を修正する謙虚さよりも、理論を維持する頑固さの方が優勢ならば、そこには疑似科学の兆候（ちょうこう）が見てとれる。同じように、「科学的に証明された」などと豪語している人も、信用に値しないわけである。

注1　超心理学者の小久保秀之らは、気功師が気合いで弟子を倒せるかどうかの厳密な実験を行っている。その実験では、気功師とその弟子を建物の別の階の部屋にそれぞれ隔離し、実験者が指定したタイミングで気功師が気合いをかけ、いつ気合いがかけられるか知らない弟子が、本当に倒れるかを記録した。結果は、偶然の一致を少し上回る頻度で倒れるタイミングが合致したが、ほとんどは気合いがかけられていないときに倒れていた。気合いの効果について完全には否定できなかったが、少なくとも武術で効果があるほどの大きさではなさそうである。この種の実験について詳しくは、山本幹男ほか監修の『潜在能力の科学』（国際生命情報科学会）を参照されたい。

注2　科学技術が発展する構図の一般理解はなかなか進まないが、その啓蒙活動は進んでいる。たとえば、伊勢田哲治ほか編『科学技術をよく考える――クリティカルシンキング練習帳』（名古屋大

学出版会）を参照されたい。

注3　錬金術の科学史については、吉田光邦『錬金術――仙術と科学の間』（中公文庫）が参考になる。

注4　帰納とか演繹などは論理学の用語で、この部分の本格的な理解には論理学を学ぶ必要がある。人間は文明生活において論理を使用しているが、生来、論理的思考はあまり得意ではなく、これにはトレーニングが必要だ。たとえば、野矢茂樹『新版・論理トレーニング』（産業図書）などが論理リテラシーを身につけるのに役立つだろう。

注5　これは前に述べた（4章の注3）、ポパーが主張した反証可能性を吟味することに相当する。

注6　これについては、竹内薫『99・9％は仮説――思いこみで判断しないための考え方』（光文社新書）が参考になる。

注7　数学の証明における前提は「公理」、論理的な証明の手順（演繹的推論に相当する）を経て得られるものは「定理」と呼ばれる。中学や高校で習った図形の証明問題は、ユークリッド空間の幾何学であるが、その公理の一部を変更して、私たちの日常感覚と異なる空間の幾何学が構築できる。数学においても前提を疑うことで、新たな地平がひらけるわけだ。レナード・ムロディナウ『ユークリッドの窓――平行線から超空間にいたる幾何学の物語』（ちくま学芸文庫）などを参照されたい。

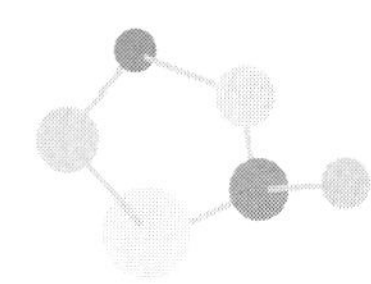

9章 メディア・政府・科学者

科学記事の品質低下問題

マスメディアの使命のひとつは、埋もれている事実をいち早く市民に広く伝えることである。よく「犬が人にかみついてもニュースにならないが、人が犬にかみついたらニュースなる」といわれる。つまり、繰り返し起きることは報道する価値がないが、めったに起きないことは報道の価値があるわけだ。価値ある事実の掘り起こしはスクープといって、記者が目指す目標でもある。

ところが、ここに落とし穴が生じる。マスメディアは事件や事故の報道に価値をおいているが、その報道によって逆に、めったに起きないことが目立ってしまう。マスメディアに注目しがちな市民は、実態以上に事件や事故が多いと誤解してしまうのだ。

実際のところ現代の文明社会は、歴史的にも事件や事故、そして戦争が少なくなっており、もっとも安全な時代になったといえる。この点は、進化心理学者のスティーブン・ピンカーが、データにもとづいて緻密な分析を行って実証している(注1)。

さて、科学の成果に関する報道はどうだろうか。これもまた問題をはらんでいる。科学の最大の成果は理論であるが、8章で議論したように、理論には発見の段階と検証の段階がある。検証段階を経なければ、確実な理論とはいえない。しかし、検証段階で繰り返しのチェックがなされている間に市民にも広がり、報道価値が減退してしまうのだ。

科学の成果をいち早く報道しようとすればするほど、発見段階のまだ不確実な理論(仮説)を報道せざるをえなくなる。科学の先端は揺らいでいるので、その後の検証段階でその理論は誤りとされることも多い。そんな話題にとびついた記者は、誤報道の汚名をきせられかねない。おのずと記者は、独自報道を控え、研究機関のニュースリリースを取捨選択して記事にしがちとなる。

つまり、科学の成果に関する報道にはスクープなど原則ないのだ。スクープを重ねて出世したいのならば、むしろ記者は科学記事にはかかわらないほうがよい。こうして、科学に関する基本的知識を欠いた記者が大多数になることによって、科学記事の品質低下を招いている。これは、科学的知識が必要な政治面や経済面の記事においても同様だ（たとえば、12章に取り上げる原発事故に関連する報道を思い起こすとよい）。

マスメディアにおける科学記事の品質低下問題は、科学者と市民の間のコミュニケーションに、大きな影をおとしている。また、昨今のように科学分野が細分化された状態では、科学者でさえも他の科学分野の情報を得るのにマスメディアに頼る面がかなり大きい。科学者間のコミュニケーションにも、この問題は波及しているわけだ。

「信頼度七五％」ってどういうこと？

前節ではマスメディア側の問題を述べたが、こんどは市民側の問題を述べよう。科学理論に関して、実態に合致した報道をするならば、「最近検証が進んでいる理論Aは、信頼度七五％である」などと、不確実さをこめて報道すればよいはずである。ところが、信頼度七五

%と聞かされても、これをどのように扱ってよいのか、市民のほとんどは途方にくれてしまう。

そこで、信頼度七五%の意味をわかりやすくかみくだいてみる。するとたとえば、次の二つの表現候補が挙げられる。

① 理論Aが十年後に「正しい」として受け入れられる可能性は、四分の三である。

② 理論Aが十年後に「誤り」として捨てられる可能性は、四分の一である。

両者は、事実表現としては同じ内容であるにもかかわらず、①を聞くと理論Aは「正しい理論」のような感じがするし、②を聞くと理論Aは「誤った理論」のような感じがするのである。

人間は、確率的な信頼を正確に扱うことが難しいので、話者がどう考えているかを敏感に察知し、話者の意図にしたがって「正しい」と扱うか「誤り」と扱うかを無意識に決めているようだ（これにしても仮説であることに注意しよう）。

この手の「認識の揺らぎ」については従来、認知心理学（あるいはもう少し広くいうと認知科学）の分野で研究されてきたが、経済行動への応用面が注目され、行動経済学という新分野に発展してきている（注2）。

表3　株価上昇75%とされる16社の株をその比率で無作為に売買した結果

	株価が上昇した	株価が下落した
株価上昇と推測して買い	9社	3社
株価下落と推測して売り	3社	1社

ともあれ、マスメディアが本来の任務である事実報道に注力して、事実を厳密に表現したとしても、市民には正しく伝わらない。だから、先のように表現の仕方を工夫すれば、市民の反応を操作することさえも可能というわけだ。

さらに、信頼度七五％がいかに扱いにくいかを、別の例でも示そう。「一六社について、一カ月後の株価上昇の信頼度が各社とも七五％である」という事実が判明したとしよう。つまり、各社とも一カ月後の株価上昇の確率が四分の三、下落の確率が四分の一である（単純化のため上昇か下落かのどちらかとする）。

このとき、七五％を積極的に利用するとすれば、一六社の四分の三である一二社については上昇、残りの四社は下落と推定できる。どの会社が上昇するかはわからないので、適当に一二社の株を買い、四社の株を売りにする。

すると結果は、（偏りがなければ）表3のようになる。買いにした一二社のうち、四分の三の九社は予測的中で株価上昇、残り三社は外れて下落、売りにした四社のうち、四分の三の三社は思惑（おもわく）が外れて株価上昇、残り一社は予測的中で下落する。的中して利益が上がったのは、九社プラス一社で、一〇社であった。

ところが、七五%という数値を利用することなしに「一六社の株価はおおむね上昇傾向」とだけ認識し、全社の株を買いにしたらどうだろうか。四分の三の一二社について予測的中し、先の的中会社数一〇社よりも二社多く、比較的大きな利益が出る。

つまり、会社同士の優劣比較などの追加情報がなければ、七五%という数値を利用しようとしても、かえって利益を失うことになりかねないのだ。だから、追加情報をもたない人は、七五%という数値にこだわるべきではない。「今は買い」という単純な情報として扱うほうが、利益を得るうえで有利だからだ。

同様に、「理論Aの信頼度七五%」という具体的な情報を市民が得ても、理論に関する知識をもっていたり、他の情報を集められたりしなければ、まったく意味がない。むしろ「理論Aは正しい」というメッセージを強く受け取ろうとする。つまりこれは、必要のないことをあれこれ考えないですませる、合理的な態度ともいえるのだ。

以上の、マスメディア側の事情と市民側の事情を総合するとこうなる。科学理論は検証が進み確実度が上がってから報道される傾向があり、その際も、残された不確実さは不問に付され、「正しい理論」として市民は解釈しがちである。

その結果、マスメディアに載る科学報道は「正しい」ことばかりになり、市民は、科学が明らかにした事実は「いつも正しい」と誤認識するのである。そして疑似科学は、その誤認識につけこむ戦略をとっているのである。なにせ、科学を装うと「正しさ」のイメージが自動的についてくるからだ。

マスメディアに嫌気する科学者

市民のイメージと裏腹に、科学の先端では、不確実な仮説ばかりがせめぎ合い、何が通説かは時代とともに変化しているのが実態である。おまけに人間や社会に関する科学は、対象が複雑なだけに究明がなかなか進まない。そしてその分、不確実さの度合いも高まっている。

マスメディアでは、市民が科学に要求する「正しさ」と、科学の実態としての「不確実さ」がたびたび衝突する。「理論Aは正しいのですか、それとも間違っているのですか」という問いかけに対して、真面目な科学者が、「それは現状では七五%の信頼度となっています」と回答しても、人々は満足しない。ディレクターからも、「もうちょっと何とかわかりやすい表現になりませんか」とお願いがきてしまう(注3)。

この状況に、真面目な科学者は嫌気(いやけ)がさしてしまう。科学的に正確な発言をすればするほど、嫌がられるからだ。こうして科学者は、マスメディアから遠ざかっていく。

逆に、マスメディアにかかわる科学者は、「タレント学者」というレッテルを貼られ、科学者としての資質を疑われる向きもある。というのは、不確実な仮説であっても、さぞかし正しいかのように主張させられたり、自分の専門でないところの仮説を説明させられたりするからである。ときには、マスメディア側の事情によって、発言の趣旨と違う「編集」がなされることもある(注4)。

こんな扱われ方をされていれば、マスメディアには協力しない、協力するのは一部のタレント学者だけだという認識となっていく。実際にこれは、かなりの科学者に広まっている。このような事態は、市民と科学者を結ぶ媒体(メディア)として悲しいことである。今後はインターネットなどの新規メディアも含めて、科学者の考えを伝える方法の改善が模索されるべきだろう。

御用学者が生まれる背景

メディアの話題から一転して、政策の話題に移ろう。人間や社会に関する科学は難しいと、再三指摘してきた。しかし、現実の政府は、政策の実行に伴い決断にせまられる。

たとえば、経済学はれっきとした科学である（疑問を呈する人もいるだろうが、少なくとも疑似科学ではない）が、経済指標の変化をうまく予測できる確固たる理論はない。それどころか、最近は行動経済学が注目されていることもあり、包括的理論の構築がますます難しくなっている。行動経済学では、経済行動の主体となる人間の心理まで考慮しなければ経済予測はできないとするので、理論化の対象が格段に複雑になるからだ。

すなわち、政策の実行を科学的に行おうとしても、使える理論がなかったり、不確実な理論が林立していてどれを採用してよいかわからなかったりする。それでも政策は実行していかねばならない。ときに政治家は、自らの決断をなるべく正当化しようと、都合のよい科学理論をもち出す。さらには、正当化を代弁してくれる「御用学者」を起用するのだ。

前節で述べたように、科学理論の「正しさ」には幻想がある。それが高じると、科学者はさらに、「正しい理論」を唱導してくれる権威の幻想をもまとうことになる。御用学者は、自らの主張はさておき、そのかりそめの「権威」を笠に着て、政治にとって都合のよい科学理論を主張する役割を担う。経験的事実を追究する科学の精神に、まさに反する行為といえる。

しかし、政治の場で、科学者の「お墨付き」を得たことによって政策が実行される場面を目にする市民は、権威の幻想をますます高めてしまうのである。実際は、特定の科学者が権威をもっていることはない。理論の正しさは、民主的な手続きで決まっていくからだ。また、科学がことさら大きな力をもつわけでもない。正しいと思われた理論であっても、誤りが発覚することとさえ多くあるからだ。

つまり、科学者に権威があるという幻想が市民に広まっているとすれば、政治が科学者を利用していることによる影響が大きいといえるだろう。

これから波及する問題が他にもある。自らの主張を真摯に唱えている科学者が、政府の思惑とたまたま合致しているがために「御用学者」の汚名を着せられる問題である。さらには、「御用学者」と思われたくないので、科学的主張であっても政治に関連する発言を避ける科学者もいる。

ぜひ、政治とは切り離されたコミュニケーションの場をつくり、御用学者が登場する幕がないようにしたいものだ。

学会は同好の士の集まり

科学者とともに、権威の幻想の対象となるものに「学会」がある。本来の学会とは、同じ研究対象を追究する人々が意見交換の場として結成したものであり、「同好の士の集まり」といってよい。それが権威化しているとすれば、その要因は主に、論文誌と研究費にある（なお、以下の説明では、「科学者」の代わりに「研究者」という言葉を使う。学会には、哲学や文学などの人文系学会もあり、前述したように、それらの分野は科学には含まれないからである）。

学会は普通、論文誌を発行して、該当分野の論文を査読のうえ掲載する。研究者としての実績は、良質な論文が論文誌に掲載されていることで通常、判断される。論文の査読は、「ピア（仲間内の）レビュー」といって、学会のメンバーが匿名であたる。民主的な仕組みがとられている一方で、論文誌の編集委員の権限もある程度認められているので、その学会で積極的に活動している研究者の論文が採録されやすくなる傾向も見られる。つまり研究者として実績を積むには、学会活動が重要なのである。

また学会は、研究費獲得の拠点ともなる。学会自体は、資金繰りが厳しいところが多いので、学会が研究費を出すことはほとんどない。しかし、実力のある研究者が多数集う学会であれば、政府に働きかけて、該当分野に対するまとまった研究費を確保することができる。また、該当分野の実績があがれば、該当分野の研究機関の求人が生まれ、学会活動が就職に有利に働くことも多い。

さらに、これは医学系の学会に顕著なのだが、専門家としてのライセンスを学会が発行していることがあり、そのライセンスが仕事の上での箔づけになることもある。

このように、入門的な研究者、そして市民にとって学会は、権威ある場のように映るかもしれない。しかし、そのような権威は幻想にすぎないのだ。ただ、こうした幻想としての権威が、疑似科学と結びつくのである。

学会はどこも会員を増やすのにやっきになっている。そのため、希望があれば学会員になることはさほど難しくない。疑似科学の推進者が、有名学会の所属メンバーであることを理由に専門家であると主張する例があるが、学会の実態を知っていると、幻想としての権威をつくり出そうとしているのだということがわかる。また、学会は勝手に設立できるので、疑似科学の利益享受者たちが集まって学会を設立して、科学の偽装を固めることすらできてしまう（詳しくは10章に述べる）。

最後に、理系学会と文系学会の大きな違いを一言。理系分野は総じてデータが集めやすく理論の白黒がつきやすい。だから研究者は、自説に誤りがあれば謙虚にそれを認め、次の研究分野に進出する気持ちが強い。そして、大勢の研究者が集まるほど、多様な研究ができ、新たな情報も集まりやすいので、学会は一万人を超えるマンモス学会になりやすい。

一方の文系分野は、データによる検証が進みにくく、多くの不確実な理論が林立しやすい。学会内でも理論の対立が解消されずに残る傾向がある。さらに、対立が進むと実質上、学会が分裂することも少なくない。その結果、数百人程度の小さな学会がたくさんできている（注5）。

このように学会は、権威とは縁遠い、研究者の活動の場なのである。学会をはじめとした科学の営みの実態が、市民によく知られることにより、疑似科学の蔓延をいくらかでも防ぐことができる。こうした点からも科学コミュニケーションの増進が求められるわけだ（終章を参照）。

注1　スティーブン・ピンカー『暴力の人類史』（青土社）を参照されたい。

注2　この手の研究成果で認知心理学者ダニエル・カーネマンが、二〇〇二年にノーベル経済学賞を受賞し、行動経済学の注目度が一気に高まった（関連3章注1）。

注3　私自身、テレビやラジオに乞われてよく出演するが、正確な表現をすればするほど、その部分はカットされやすいというのが実感である。「タレント学者」とされる人々が紋切り型の発言をする背景がよく理解できる。

注4　私のテレビ出演の経験では、私が「それは驚きですね」と発言をしたシーンを、私がとても驚かないような話題の後に編集で入れられ、あたかも私がそれに驚いているかのようにして放送されたことがある。

注5　理科系と文科系の間には、竹内薫が『理系バカと文系バカ』（PHP新書）で指摘しているように、いろいろな文化的対立がある。かつてチャールズ・P・スノーが『二つの文化と科学革命』（みすず書房）で、この対立がイギリス社会の発展を阻害していると主張して以来、この対立の溝を埋めることが、先進諸国の長年の課題となっている。私は、科学コミュニケーションを切り口にして、この溝が解消されることを期待している。

第4部

pseudo science

蔓延する疑似科学

～誤解をただす

第4部では、具体的な疑似科学の事例にもとづいて、その識別の方法を探っていく。日本は原則、誰もが自由に発言でき、自由にビジネスを展開できる民主的な社会である。政府による規制も最小限に抑えるように運営される傾向にあるが、その分、疑似科学が蔓延する可能性も高い。市民が、疑似科学を識別して対応していかなければ、良好なビジネスも妨げられてしまうだろう。

識別に必要な知恵は、次の四つの領域にわたっている。①社会の仕組み、②人間の認知(ものの見方や考え方)、③物質と生物、④数と論理である。どの領域も、ごく初歩の知識をもとに理性的な判断をすれば、疑似科学を見抜くことができる。

①については、ビジネスの動き、お金の流れ、法律の働きなどが知っておくべき基本事項であり、②については、人間が何に魅力を感じ、何に従いがちになるか、また何を求める傾向があるかを知っておくとよい。③については、専門家の説明を理解する姿勢が、④については、簡単な計算を怠らない、裏から見るなどの多面的な見方をする、論理的な正しさを知るなどが、大切なポイントである。

以下では、四つの章にわたって、具体的な事例を解説していくので、こうした領域にわたる知恵を身につけていってほしい。

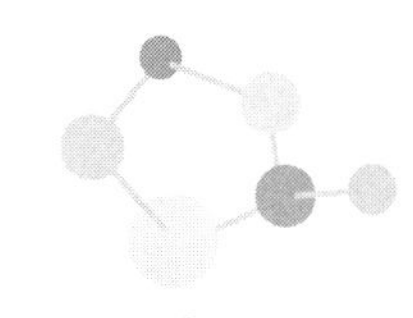

10章 サプリメント商売の買わせる策略

薬品ではなく食品

最近もっとも目につく疑似科学は、いわゆる健康食品に関する広告だ。私がA新聞について紙面の健康食品広告を調べたデータによると、一九九八年頃から割(さ)かれているページ数が増えはじめ、十年かけて約一〇倍に膨れ上がり、一カ月に五〇ページ（紙面相当分）にものぼっている（注1）。

健康食品の半分以上を占めるのが、錠剤や顆粒などの形態をもつものであり、今日ではサプリメントと呼ばれている。サプリメントの広告では、疑似科学の問題が顕著に出る。たとえば、「しじみ五〇〇個分の話題成分を一錠に濃縮」などという一見科学的なキャッチフレーズで、「何か体に良さそう」と、消費者の購買意欲を刺激するのである。

サプリメントを手にすると、科学に裏づけられた薬品であるかのように見える。ところが、実際は食品なのである。もともとサプリメントとは、食事のうえで欠けた栄養素を「補うもの（サプリメント）」として、ビタミン剤等を指し示す言葉であった。それが現在では、「健康を積極的に維持するもの」という意味で使われるようになってきた。

しかし、政府はあくまで、食品による健康維持は「多くの食品によるバランスの取れた食事によってなされる」といった姿勢をとっている（消費者庁、厚生労働省、農林水産省のウェブサイトによる）。しかし、昨今のサプリメント利用の現状は、この「バランス」を大幅に逸脱しているといえる。

それでもサプリメントに健康を維持する機能があり、安全性にも問題がないというのであればいいが、どうもそうとはいえないのが実情なのだ。

危険をはらむ人体実験

まず食品は、長年の食習慣によって安全性は実証済みとして、安全性を試験することなく販売できる。ところが、食材によっては、微量の発がん成分の含有が指摘されている。たとえば、ぜんまいやわらび、コーヒーなどがそれに該当する（コーヒーは別に利点も指摘されており、私は愛飲している）。

発がん成分といっても微量の毒成分なので、「バランスの取れた食事」を心がけていれば、何の問題もない。だが、何かの食材を「五〇〇個分濃縮」してしまい、愛用して連日摂取したらかなり危険が懸念される。未知の毒成分を大量に体内に入れている可能性も出てくる。皮肉なことに、サプリメントによっては、過去に行われていなかった人体実験に不本意にも愛用者が参加させられているともいえるのだ。

医薬品の場合は、動物実験や臨床試験を通して安全性がひと通り確認されているのに対し、食品は安全性がデータによって確認されていないという大きな違いがある。食は文化であり、古くから食されているという意識が、食品の安全性チェックをおざなりにしている。

効果や効能などの機能性に関しても、食品については、ほとんど調べられていない。だから、医薬品に関する法律によって、食品は機能表示（広告やパッケージに「〇〇に効きます」と記載すること）をしてはならないと規制されているのだ。

その規制の中、サプリメントの広告では、あたかもダイエットに効果があるとか、目や腰の不調に効くかのように、巧みな表現がほどこされている。どれも厳密には機能表示をしておらず、法律の網の目をうまくすり抜けて、消費者に「効果がある印象」を植えつけているだけなのだ。つまり、サプリメントの効果をうたう主張のほとんどは、疑似科学といってよいだろう。

疑似科学評定サイトにおいても、サプリメント効果の科学性評定が行われているが、半分以上は疑似科学評定となっている。現在取り上げられている範囲で、多少なりとも科学性が認められるのは、「ＤＨＡ・ＥＰＡ」のみである（注２）。

一方、食品なのに機能表示ができる例外もある。主に次の三つであり、これらの「効果がある」という主張は、科学の枠組みに入りつつあるといえる。

① 栄養機能食品（ビタミンやミネラルなど、機能が確認された一七種類の成分のいずれかを含んだ食品。いわゆるビタミン剤）

② 特定保健用食品（企業が機能性と安全性を調べたデータとともに申請し、消費者庁から承認がおりた食品。いわゆるトクホ）

③ 機能性表示食品（企業が機能性と安全性を調べたデータを届け出て、消費者庁が受理した食品。食品には届出番号が明記され、消費者庁のサイトで届出データが閲覧できる）

これらは、①＞②＞③の順で、信頼がおける食品と見なせる。医薬品は原則、食品とは比較にならないが、あえて比較するとすれば、①以上の信頼があるといえる。一般のいわゆる健康食品（サプリメントを含む）は、③未満で、とても信頼は寄せられない。効果がないばかりか、大量に摂取すると危険性さえ予想される。機能性表示食品にも登録できないのだから、機能性と安全性を調べたデータもなしに販売しているということだ。今後、機能性表示食品にも登録できていない一般のサプリメントは「販売できない」などの、強い規制が必要だと考えられる。

②と③の間には大きな違いがある。②のトクホが、消費者庁からお墨付きを得ているのに対し、③は、企業自身が品質について責任をもって提供するという考え方になっている。そのため、市民は自ら消費者庁のサイトで情報をチェックして判断する必要がある。

③の機能性表示食品の制度は二〇一五年に始まったばかりで、まだ市民への浸透が十分で

ない。機能性の申請には、ヒトを対象にした無作為化比較対照試験で効果を示すデータが、最低一件は得られていることが必要である。しかし、たとえば、その最低の一件だけで届け出されている商品であったらどうだろうか。一件は得られていることを肯定的に解釈するか、それとも一件では足りないと否定的に解釈するかの両方が考えられる。まさにその判断が、消費者に任されているのである（注3）。

少々解説を加えると、この場合の無作為化比較対照試験とは、次のような手順である。同じような健康上の問題を抱えている人々を数十人集めてきて、それらの人々を無作為（ランダム）に実験群と対照群の二群に分ける。実験群には対象となるサプリメントを摂取させ、対照群には該当成分が入ってないニセ錠剤を摂取させる。その結果、実験群の該当指標の改善が、対照群に比べて統計的に上回っていれば、効果ありと認定するのである（注4）。

以降のページでは、機能性表示が認められていない一般のサプリメント広告について、書かれていない効果がどのようにして消費者に印象づけられているのか、どんな疑似科学的表現がなされているのか、などを見ていくことにする。

親密化と権威化というテクニック

サプリメント広告でもっとも多用されているのが、愛用者の感想である。序章でも述べたように、人間は親密な他者を模倣するようにできているので、そのような感想を読んでいるうちに、自分も使ってみようという同調行動がしばしば誘発される。広告に書かれているのは、愛用者といっても赤の他人であるが、顔写真を入れたり芸能人を起用したりして、親密さを演出している(注5)。

愛用者の感想などは禁止すべきという意見も聞かれるが、憲法に定められた基本的人権の「言論の自由」に照らして、その規制は難しいのが実情だ。

なかには「愛用者の八七%が続けたいと言っています」などの、数字による説得もよく見られる。そもそも、愛用者が好意的な感想を寄せるのはあたり前だ。だから、裏を返せば、「愛用者のうち一三%は続けたいとは言っていない」ということであり、「愛用者にしては、わりと大勢が否定的なんだな」とも思える。消費者が表面的な数字だけを肯定的にとってしまうことで、広告としても成り立ってしまうわけだ(関連172ページ)。

また、「人気ナンバー1」といった表示も、影響力がある。たくさん売れていれば、皆が買っているので、良いものなのだと思ってしまう。何の中で「人気ナンバー1」なのかを調べると、数少ない自社製品の中で、それも特定の月の売上が、なんてこともザラにある。

親密さとは真逆に、権威が利用されることも頻繁にある。白衣を着た専門家が、「品質の向上に努めています」といえば、効果を述べたわけではないが、なんとなく良いもののように思える。「○○賞受賞」というのも、権威によって認められたと誤解させる手段のひとつである。こうした場合、何を認められてその賞が与えられたのかを調べることが、賞について考える手助けになる。単に錠剤のデザイン（色や形）が良いと認められただけかもしれないのだ。

会社名や商品名に権威が埋め込まれることもある。これらの名前は、過去に同様の名前が（登録され）使われていなければ、ほとんど自由につけられる。「○○医薬研究所が生産しているサプリメント」などと聞かされれば、結構効きそうな気がするものだ。

その他の権威化には、学会発表、大学との共同研究、特許取得などが見られる。9章で述べたように、学会は同好の士の集まりであるので、そこで発表しても「お墨付き」は得られない。学会では、独創的な発想の提示が奨励されているので、発表だけならふつう自由にできる。論文として査読されて論文誌に掲載され、さらにそれが質の良いものであることが、「成果」としては必要なのである（質が十分でない論文でも、会員に必要な情報があると判断される場合には、掲載が認められることさえもある）。

同様に「大学との共同研究」においても、その共同研究でどんな成果（論文）が出ているかが重要である。研究しても実用化できるほどの成果は、一割未満しかない。共同研究しただけでは、「お墨付き」にはならないのだ。

特許も同様だ。特許は、企業同士の研究開発競争の優先権を公的に認める制度である。商品の特徴や生産方法に対して独占的な権利を与え、他社による類似商品の生産や販売を妨げる役割をする。消費者向けの認証ではないので、商品の優良さを示すものでは決してない。

私自身も企業で十数件の特許を取得した経験があるが、狭い範囲の権利を要求した特許ならば比較的簡単にとれる。広告に特許をうたうのは場違いであるので、それだけで怪しい疑似科学的装いと思ってよいくらいだ。

量の目くらまし

サプリメントなどの健康食品は、薬品と違ってどれくらい効果があるかがよくわからない。だから、一日の摂取量の目安は適当に決められているといっても過言ではない。それでも、この目安は大切である。なぜなら、効果があると信じるとやたらにたくさん摂取する人がいるので、安全性の面から目安はふつう低目に設定される必要があるからだ。

安全性を追求して摂取量を少な目にすると逆に、効果が得られない恐れもある。ところが、そもそも効果があるかどうかがよくわかっていないので、必要最低量もわかっていない。最近では、「一五種類の注目成分をすべて配合」といったサプリメントも売られているが、こうするとそれぞれの成分は必然的に少量になってしまう。それで効果があるとはとても思えない。でも、いろいろな成分が含まれていればいるほど、消費者は「どれかは効きそう」と感じてしまうのだ。

総じて、消費者は量に無頓着である。商品によって配合量が違うのだが、量に応じた価格比較もせずに購入している。「倍に濃縮」という新製品が3倍の値段で売られても、性能が良くなったと錯覚して購入する。旧製品を2倍飲めば、そのほうが安かったりもするのだが……。

先日、「一錠にプラセンタ（胎盤）エキス九〇〇〇ミリグラム配合」という広告を見て笑ってしまった。九〇〇〇ミリグラムは九グラムであるが、一錠は明らかに一グラム未満である。重量の計算が合わない。胎盤九グラムを乾燥させたというのかもしれないが、それなら大部分はそもそも水であったのだから、エキスが九グラムというのはおかしいはずだ。

似たような事例は枚挙にいとまがない。乾燥した熟成ニンニクが、「赤ワインの一〇倍のポリフェノール（一〇〇グラム当たり）」と宣伝されていた。しかし実際に調べてみると、一〇倍量の赤ワインのほうが明らかに安く買えるうえ、飲みやすかったりもするのだ（お酒に弱い人は、ブドウジュースでもＯＫだ）。

広告には、いろいろな表やグラフが多用されているが、ほとんど効果とは無関係である。もしも関係があったら、「機能（効果・効能）の表示」とされて医薬品の法律に触れるので、それも当然なのである。

悪貨は良貨を駆逐する

以上のようにサプリメント広告は、さまざまなテクニックを弄して消費者の認識を操作し、効果がありそうな印象を植えつける。売上につなげる最後の重要ポイントは、消費者をいかにして「お試し」にひきこむかである。そのために、試供品とか初回限定半額などの特典が使われている。

お試しにひき込まれた消費者の何割かは、確実に自分の体験として効果を認識してくれる。なぜなら、利用者は体調が悪いときにサプリメントを摂取するため、体調が自然に回復したことをサプリメントの効果として誤認してくれるからだ。これを「回帰効果の錯誤」という(注6)。

ほかにも、3章のお守りの例で述べた「確証バイアス」や「認知的不協和の解消」なども加わって、サプリメントの効果を信じ込み、熱烈な愛用者になってくれる。さらには、最初の思い込みが強く、「効果」が出るまで飲み続けてくれる、人のいい利用者までもいる。

サプリメントが、本当に自分に効果があると判定するには、体調とは無関係に飲むか飲まないかを無作為に決めて、長期間過ごし、飲んだときの体調が飲まなかったときより明らかによいことを確認すべきだろう。厳密には、思い込みで効くという「プラシーボ効果」(注7)も知られているので、「飲まないとき」には、誰かに該当成分が入っていないニセ錠剤を作ってもらい、それを飲む必要がある。たいへんな確認作業なので、少なくとも個人では、とても実施できるものではない。

こうしてみると、サプリメント自体に効果がなくても売上がのびる構図が存在しており、それが根本的問題といえる。一方で、愛用者が信じるのも自由だし、信じていれば気持ちも楽なのだから、問題ではないという意見もある。また、お金持ちのお年寄りが、サプリメントを大量に購入してくれれば、経済も活性化するので、社会にとって良いという主張もある。

しかし、悪質業者を放っておけば、良質な業者の活躍の場が失われるのは深刻な問題である。私が食品企業を対象に調査した例では、「リスクをおかしてでも発売するような企業だけが生き残る業界となっています。正直な企業と消費者をつなぐ行政を希望します」という回答が得られている。

行政による適度な規制のもとで、科学者が媒介しながら、企業と消費者をつなぐコミュニケーションが、強く求められているといえよう。

注1　この調査報告は「疑似科学的広告の課題とその解決策――消費者の科学リテラシー増進に向けて」（『情報コミュニケーション学研究』二〇〇九年号、明治大学）に掲載されている。

注2　疑似科学評定サイトにおける評定には、疑似科学と科学の間に、「未科学」と「発展途上の科学」を設けている（終章参照）。サプリメントの評定はほとんど「未科学」以下であり、「使ったとしても期待される効果は得られない、安全性にも疑問が残る」と判定される。なお、サイトの評定は、閲覧者の情報提供によって変更されることがあるので、注意されたい。

注3　すでに6章で述べたが、研究者は失敗実験を報告せずに、成功したときだけ報告する傾向がある。これにより、何らかの偶然が重なって肯定的データが得られた「見かけだけの成功実験」が優先的に報告されてしまう。「見かけだけの失敗実験」も報告されていれば「見かけ」は相殺されるのだが、そうならないのである。これを失敗実験の「お蔵入り」の効果という。そのため、少数の論文報告しかない肯定的主張は、「お蔵入り」の効果が懸念されるので、取り上げないほうが無難である（関連6章注3）。

注4　無作為化比較対照試験については、お守りの評価のところですでに少し触れた（3章注6）。

注5　二〇〇八年には、中国産タケノコを国産と偽り、「竹林農家の皆さん」として加工業者の従業員の写真をを付して販売した事例が、農産物に関する食品表示規格法（JAS法）の違反に問われている。

注6　サプリメントの問題については、私もメンバーの一員になっているASIOSが編集した『謎解き超科学』（彩図社）の第四章にも記載してある。

注7　プラシーボ効果（偽薬効果）が起きる場合は、個人的に信じているというよりは、周囲の人々も含めて信じるに足る状況になっているときである。医学的手術でさえも後にプラシーボ効果と見なされたものもある。詳しくは、H・ビーチャー『偽薬効果』（春秋社）を参照されたい。

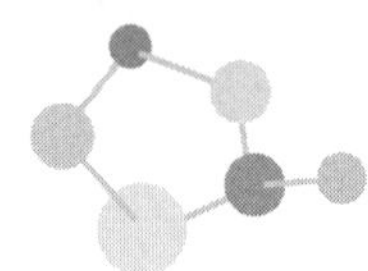

11章 水ビジネス〜疑似科学の温床

「六甲の水」の違反事例

10章で、「食品の機能（効果や効能）は、原則、広告やパッケージに表示できない」と法律で規制されていることを述べた。それとは別に、一般商品の性能を虚偽表示したり誇大広告したりすることも、景品表示法によって規制されている（注1）。

二〇〇八年、ミネラルウォーター「六甲のおいしい水」（二リットル入り）のボトル表示が、同法に違反するとして排除措置の命令を受けた。その表示とは、次のものであった。

「花崗岩（かこうがん）に磨（みが）かれたおいしい水　六甲山系は花崗岩質で、そこに降った雨は、地中深くしみ込み、幾層にも分かれた地質の割れ目を通っていく間に花崗岩内のミネラル分を溶かし込み、長い時を経て、口当たりの良い、自然なまろやかさが生きている良質の水になります。」

同商品を製造販売したハウス食品は、人気商品を増産するため、容量二リットルの商品の採水工場を神戸市内の別の地域に移した。ところが、そこの水が六甲山系とは認められず、法律違反となったのだ。

右の表示は、実際のものよりも著しく優良であると一般消費者に誤解させる表示（これを**優良誤認**という）とされた。政府（現在は消費者庁）は同法に従って、優良誤認の疑いがあれば、当該の事業者にその疑いをはらす資料の提出を求める。ハウス食品は「水が六甲山系である」ことを示せなかったわけだ。

疑いがかかったときに事実を調べることは困難な場合が多い。事実を調べても「どちらともいえない」ことも往々にしてある。そして、白黒つけにくいグレーな場合、責任の所在が誰にあるとするかの規定が重要だ。たとえば刑法犯罪の場合は、立証責任は疑いがかかった容疑者ではなく、検察側にある。これが優良誤認の疑いの場合には、事業者側に疑いをはらす立証責任があるのだ。

そして、こうした立証責任の所在によって、結果的に適切な表示が守られているともいえる。だが、サプリメント広告については、もっと積極的に優良誤認の疑いが取り締まられるべきであるようにも思う。

違反しているとして排除措置の命令を受けると、事業者には、①優良誤認をさせてしまった事実を新聞などに公示すること（いわゆる謝罪広告）、②再発防止策を講じて社内に周知徹底すること、③今後同様の表示を行わないこと（既存の違反表示商品は店頭から回収する）の三つの義務が発生する。

このペナルティの威力は基本的には大きく、ハウス食品のような大手事業者がこうした命令を受ければ、ブランド価値の低下を招き痛手になる。しかし、違反者が中小の事業者の場合はそうでもない。とくに、流行に乗じて行き過ぎた表示をしても、措置命令が商品を売り尽くした後ならば、店頭から回収すべき商品がほとんどなく、命令への対応も容易なのが実態だ。

消費者側から見れば、たとえ誇大広告につられて購入しても、事実上賠償はしてもらえない状況にある。この点について十分に認識したうえで、商品の購買を判断すべきである。

「草津の湯」は草津温泉とは無関係

ハウス食品の「六甲のおいしい水」事件は、その実態以上に社会から問題視された。それは、「六甲のおいしい水」が卓越したブランド戦略で人気商品に育ち、広告業界の教科書に載るほどの商品だったからだ（注2）。

ハウス食品というとカレーが有名で、社名を聞くだけでカレーの匂いがしてくるほどの知名度である。その会社が販売するミネラルウォーターに、カレーのイメージはむしろマイナスであると判断し、なるべく社名を前面に出さない広告戦略を展開したのだ。

こうした企業戦略が功を奏した「六甲のおいしい水」だったが、この事件の場合、それがかえって仇になった。話題の商品であればあるほど、その失態は大きく誇張されるのだ。結局ハウス食品は、「六甲のおいしい水」の事業をブランドごと、アサヒ飲料に売却する対応をとった。「六甲の水」事業はアサヒのブランドのもとで再出発したのだ。

ここで注意すべきは、「六甲のおいしい水」という（商標登録されている）商品名が問題とされたのではない、という点だ。優良誤認の認定対象は、あくまでボトルの裏に記載された説明表示にある。つまり、その説明表示がなければ少なくとも法律的には問題なかったのだ。

消費者は、六甲山系由来ではないのに、「六甲の水」をうたうのは問題だと思うかもしれない。しかし、商品名は単なるキャッチフレーズであり、それから連想されるイメージと商品の質が合致するかどうかは、企業の姿勢にゆだねられているのが実態なのだ。考えてみれば、人名だってそうだろう。名が体を表すかどうかは、場合によりけりだ。

二リットル入りの「六甲のおいしい水」は、確かに「六甲山系由来」ではなかったが、ミネラルのバランスが若干異なるだけで、依然として「おいしい水」には変わりなかった。そこで「六甲山系由来」との説明表示をやめて、再出発したのである。

商品名と実態の齟齬(そご)は、探せばたくさん見つかる。「草津」とか「箱根」とかいう入浴剤があるが、裏側を見れば、小さな字で「本品は温泉の湯を再現したものではありません」などと記されている。「草津」という入浴剤を使えば、草津の温泉成分が再現され、家庭で「草津の湯」をあじわえるのかと思いきや、ごく一般の入浴剤と変わりないのだ。

ちなみに、地名だけでは原則、商標登録できないので、誰でも自由に商品名に使用できてしまう。たとえば地名の草津では、温泉で有名な群馬県草津町のほかに、滋賀県にも草津市があり、こちらのほうが人口では二〇倍以上大きい。つまり、「草津の湯」がじつは滋賀県草津市の湯を表現していた、なんて冗談みたいな話がある可能性も、なくはないのだ。

名前だけで連想するのではなく、実体を吟味したうえで、購入を判断したいものである。

水道水を見直そう

飲料水にしても入浴水にしても、人間と水とのかかわりは深い。人間の身体の七割が水分だといわれるが、そうだとすれば、水に関するビジネスが繁栄するのももっともである。だが、市民の要求が強ければ、一部の悪徳業者はそれを利用しようと、疑似科学にも手を出してくる。

「毎日のことだから安心な水を家庭や職場に」というのは、宅配水ビジネスの典型的な売り文句だ。これを聞いて即座に連想してしまうのは、「現在の家庭や職場の水は安心でない」という疑いである。このように人間が連想するのもやむをえない。現在の水が安心だったら「安心な水を」などとは普通、誰も言うはずがない。だから、「ひょっとしたら安心ではないのかも」という疑いが形成されてしまうのだ。話し手の意図をおしはかる、人間の高度な認知機能が災いするわけである。

ここでは、連想よりも理性的な吟味が必要なのだ。つまり、宅配水ビジネスは「現在の水道水よりも安心な（そして良質な）水を宅配する」と実質上主張しているが、その安心が本当に保証されているのかをよく考えてみることである。

東京都は二〇一三年、ウォーターサーバーの安全性に関する調査・報告を行った。それによるとボトル内の水は滅菌済みであっても、給水器内部の水の通り道に細菌が繁殖して感染症のおそれが高まるということだ。ミネラルを多く含んだ水ならば、なおさら細菌の増殖は速い。

水のおいしさという点ではどうだろうか。水道水は塩素が付加されており、密閉した水道管内では細菌の増殖が抑えられている。その塩素が旧来、水道水の塩素臭に代表されるように、水道水のまずさの原因になっていた。しかし、この問題も科学技術の進展に伴い、今日では飛躍的に改善されている（注3）。

水道水がまずいという疑いがあるのならば、他のミネラルウォーターと無作為化比較対照試験を行ってみるとよい。どちらの水であるかわからない状態で、多くの人々がおいしさを判定するのだ。

さて、果たして本当にミネラルウォーターのほうが圧倒的に高評価になるだろうか。これは推測だが、もしかしたら、水道水も案外健闘するのではなかろうか。それに、水に起因する食当たりなどの危険性は、塩素が含まれている水道水のほうがはるかに低いだろう。

また、宅配水の中には、はるばるハワイやアメリカ本土から運ばれてくる水もあり、輸送エネルギーのコストや環境負荷もばかにならない。水資源にめぐまれた日本が海外から水を輸入するのは、地球資源の保全の精神にも反している。はっきりいうと、宅配水は環境にもよくないのだ。

このように吟味していくと、高いお金を払ってまで、宅配水を購入する価値が本当にあるのかどうか、強く疑念を抱かざるをえない。

学校教材にもなった『水からの伝言』

人間は水なしでは生きていけない。だから、水の重要さを訴える主張にはとくに心ひかれる。一九九九年、実業家の江本勝（故人）が出版した『水からの伝言』（波動教育社）という氷の結晶の写真集は、その最たるものである。

水を氷点下でゆっくり静かに凍らせると、まれに雪のような六角形の対称性をもった結晶ができる。その芸術的ともいえる写真を豊富に掲載したのが『水からの伝言』なのだ。しかし、彼の主張には、疑似科学が多く盛り込まれている。

彼はまず、水道水ではきれいな結晶ができず、天然水だとそれができると主張している。写真集はそのデータというわけだが、きれいな結晶はそもそもまれにしかできないので、「水道水ではきれいな結晶ができない」という主張を裏づけるデータにはならない。天然水だろうが水道水だろうが、辛抱強く結晶化を試みれば、いつかはきれいな結晶ができるだろう。だから、たとえ悪意がなくても、「結晶ができるはずだ」と信じた通りの結果になってもおかしくない。本当に検証するには無作為化比較対照試験が必要である。

ビデオ版の『水からの伝言』（日本映画新社／アイ・エイチ・エム）では、印象的な音楽とともに、さらに度をこした主張が展開された。「クラシックなどの芸術的音楽を聞かせた水はきれいな結晶ができる」「『ありがとう』などの感謝の言葉を聞かせた水はきれいな結晶ができる（『ばかやろう』などを聞かせると結晶ができない）」、また、「外国語であっても感謝の言葉を書いた紙を容器に貼った水はきれいな結晶ができる」などと、主張はエスカレートしていった。

科学としての客観的な手続きも行わずに、これまでの科学的知見に大きく反する仮説を市民に向けて唱えるのは、科学者ならばありえない行動だ。江本勝は実業家なのだから仕方がないといえばそれまでなのだが、科学的な主張をするのならば、科学の方法を理解してもらいたいものである。

それでも、この話題は多くの人々に受け容れられたようで、『水からの伝言』はベストセラーになった。ついには、この話題が小学校の道徳の副読本に収録され、多くの小学生に事実として教えられることとなった(注4)。「感謝の言葉は身体の水に影響があるほど大切です」というのは、一見したところ情操教育として問題ないように感じるかもしれない。しかし、背景には「行き過ぎた(自然)科学主義」がかいま見える。だからこの話題は、道徳教育にはむしろ反する題材となるはずなのだ。

感謝の言葉が、人間関係を支える心理レベルで重要な役割を果たすということは疑う余地がない。それを「身体の水に影響するから重要だ」としてしまうと、物理レベルで心理レベルを説明することになる。拡大すると、「心より物が重要だ」「心の働きの背後では物が働いている」という、一部の自然科学者が唱える極端な科学主義にも相当する。

この他にも『水からの伝言』の問題点は数多い。たとえば、結晶の形がきれいならばよいとする主張は、人の善し悪しを外見で判断する傾向を助長しかねないのだ。

さらに江本勝は、続巻の本で『水からの伝言』の読者の「実験」を紹介している。「ありがとう」と書いた紙を貼ったビンと、「ばかやろう」と書いた紙を貼ったビンに、残りご飯をそれぞれ詰めておいたところ、前者は白い麹の香りがしたが、後者は黒く変色して気持ちの悪い臭いがしたということだ。「ありがとう」には良い効果、「ばかやろう」には悪い効果があったと言いたいようだが、これでは、外見だけでの判断を良しとする主張にもとれてしまう。どちらも菌が増殖したことに違いはないのだ。

なお、読者の「実験」は、正当な実験手続きにはなっていない。ビンによって事前に入っていた菌が違っている恐れがあるので、事前に十分洗ったビンを一〇個程度用意しておき、その半数に「ありがとう」を、他の半数に「ばかやろう」を貼って残りご飯を少しずつ入れる。時間が経過したのちに、両者の違いを統計的に調べるべきである（10章の無作為化比較対照試験に相当）。

一個ずつを比較した「実験」では、たまたま偶然で差が出た可能性が高い。さらに読者の報告では、適当に「実験」して仮説通りになったら報告し、ならなかったら報告しないという選択的報告（6章のお蔵入りに相当）が、この結果をもたらした可能性も否定できない。

適当に行った「実験」の結果を信用してはならないわけだ。

水に記憶は残らない

前節で、「クラシックを聞かせた水がきれいに結晶する」という主張を取り扱ったが、これは「クラシックを聞かせながら水を結晶させる」のではなく、事前に聞かせた水を、冷凍庫に入れて結晶させるのである。これが本当ならば、クラシック音楽を聞いた経験を水が「記憶」していることになる。

水については、物理的にも化学的にも、かなりよく研究されている。水分子はH_2Oであるが、そんな軽い分子は常温では気体のものばかりである。それが水の場合、例外的に常温で液体のまま存在できるのは、水素Hと酸素Oが、近隣の分子間で手をつなぎ（水素結合）、網目状の巨大な分子ネットワークを形成しているからである。また、この液体水ネットワークは温度に応じて振動し、水素Hや酸素Oの位置もダイナミックに入れ替わっている。

かりに液体の水に外部から刺激を与えても、刺激がなくなれば、水ネットワークの振動によって刺激による変化は霧散し、刺激が与えられたという「記憶」はなくなってしまうはずだ。もし水に記憶を残すことができるのであれば、コンピュータの記憶素子（メモリー）に活用できそうなので、研究が積み重なっているテーマでもある。しかし、現状の科学的結論は「水は何も記憶できない」である。

この科学的結論に反して江本勝は、聞いた言葉（あるいはその意味）を水が覚えているという仮説を主張しているわけだ。突飛な主張には、それだけ確実な証拠を必要とするのが科学の基本であるが、それにはおかまいなしなのだ。

水の記憶を主張する疑似科学は他にもある。ひとつはホメオパシーである。ホメオパシーとは、毒が溶けた水を極度に薄め、もうその毒分子がひとつも残ってないほどにして服用すると、その毒に対抗する力が身につくといった民間療法である。水しかなくても、その毒分子があった記憶が水に残っていると想定している。その想定が検証されないまま実用に供されており、欧米では大きな社会問題になっている（注5）。

もうひとつは磁気処理水である。磁気の中を通過した水は、分子構造が良好な状態になっているとし、飲むと健康に良いとか、水道管を通すと錆びを除去できるとかが、主張されている。これも磁気が加わった記憶を水がもつという仮説に相当し、先の科学的知見に反している。

磁気処理水は、もともとは磁気によって肩こりが軽減できるという療法から派生したものと思われる。これは磁石磁気治療として医療機器の認可を受けており、若干の肩こり軽減効果があるとして、磁気ブレスレットなどの形で市販されている。この軽減効果の原理は不明だが、体内の水分に影響を与えていると考えれば、体外の水も磁気によって変質させられ、磁気処理水としての効果をもつと想定されたのだろう。もちろん、磁気処理水の効果は認められていないのだが。

磁石磁気治療のほうは、たぶん神経の信号伝達にかかわる電気パルスに影響を与えているので効果が認められるのだと思われる。しかし、この肩こり軽減効果はわずかであり、他の湿布薬を貼るとか、抗炎症薬を服用するとかの治療手段に比べて見劣りがする。磁気ブレスレットの商売は続いているが、最近ではお守りの類（たぐい）として買われている向きがある（注6）。

膨れ上がる「効果」

水に関するビジネスでは小さな効果の主張から始まり、それが不当に大きな効果の主張へと展開する傾向がある。最後にそれを指摘しておこう。典型例のひとつに、活性水素水がある。もともとは電解還元水と呼ばれており、水を電気分解して陰極付近の水を飲用にふさわしいとしたものである。一方の陽極付近の水を電解酸化水と呼び、これは殺菌力に優れているので、食器の洗浄等に有効であるとした。

電解酸化水がその酸化力によって殺菌効果をもち、電解還元水がその還元力によって胃酸を中和して、飲用によって胃酸過多などに軽減効果をもつことは科学的知見からも合理的である。ところが、電解還元水には体内の活性酸素までも中和するという抗酸化作用があるとの、極端な主張も展開されている。

ポリフェノールなどの抗酸化物質でさえ作用メカニズムがわからない状態であり、そのサプリメントにも疑似科学の疑いがかかる中で、電解還元水の作用はさらに疑わしい。というのは、胃酸などの消化管内の水分との相互作用で、抗酸化作用があるとしても激減してしまい、所定の組織で抗酸化作用を担うまでに進まないのではないかと思われるからである。人体で抗酸化効果があるのならば、それを示す確実なデータが必要なところである。

最近では、その疑惑を「水素」という言葉によってごまかそうとしているかのようである。気体の水素は燃やせるので、燃料電池として今や脚光を浴びている。電解還元水にも生成時に水素原子がかかわっているので、「活性水素水」と改名するのにもいくぶん合理的な理由もなくはない。ところがそれは、気体の水素ではなく、燃料電池とは無関係なのだ。改名すれば、商品価値が高いように消費者は錯覚してくれるわけだ。

以上のように、水に関するビジネスには疑似科学が蔓延している。「〇〇水」というのは、まずは疑ってかかるほうがよいだろう。普段から水道水で満足している人は、深みにはまることもほとんどないため、そういう人を見習えば、誘惑を回避するのも容易だろう。

注1　景品表示法とは、正式名称を「不当景品類及び不当表示防止法」という。この法律は、事業者の公正な競争を確保し、消費者の利益を確保することを目的に、不当な顧客誘引を禁止したものである。過大な景品を提供しながら商品を売ってはならないという規制と、商品に関して事実と異なる表示や広告をしてはならないという規制からなっている。長らく公正取引委員会がこの法律を管轄していたが、二〇〇九年の消費者庁の発足を機に、消費者庁に移管された。

注2　嶋村和恵監修『新しい広告』（二〇〇六年版、電通）を参照されたい。

注3　水の現状と、水ビジネスの批判については、左巻健男『水の常識ウソホント77』（平凡社新書）に

詳述されている。

注4　月刊誌の『科学』（岩波書店）の二〇〇六年九月号では、疑似科学の批判特集が組まれ、物理学者の菊池誠が『水からの伝言』の問題を総括している。

注5　ホメオパシーについてこれだけ聞くと他愛もない話のように聞こえるかもしれないが、れっきとした医師がこれを推進したので、『水からの伝言』よりも、批判がやっかいである。次節の活性水素水も科学者が提唱しており、問題が入り組んでいる。疑似科学評定サイトの「水からの伝言」「ホメオパシー」「活性水素水（電解還元水）」を読み比べて見てほしい。

注6　磁石磁気治療の実態について詳しくは、疑似科学評定サイトの「磁石磁気治療」の項目を参照されたい。

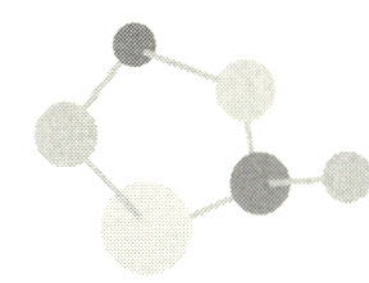

12章 原発事故と放射線被害

安全神話を求める心理

二〇一一年三月十一日、日本は大震災に見舞われた。地震と津波によって東京電力福島第一原子力発電所は、当時稼働中であった複数の原子炉のコントロールを失った。暴走した原子炉はほどなくして炉心溶融（ろしんようゆう）し、爆発に伴って莫大な放射性物質を広くまき散らしたのである。

原発事故は、科学技術の信頼を揺るがしたと同時に、政府と市民の間の科学コミュニケーションのあり方や、人類の営みと自然環境との調和について、改めて考えさせる契機となった。

原発事故の原因については、まさに複数の要因がからみ合っているのだが、最大の要因は、津波による全電源の喪失により、原子炉が制御不能に陥ったことだろう。

地震の時点ですでに制御不能に陥っていた可能性も考えられる。しかし、より震源に近い女川原子力発電所も同型の原子炉が稼働中に大きな揺れに見舞われているが、制御不能にはなっていない。それと比較すれば、やはり津波の影響が甚大であったと推測できる（注1）。この点の実態は、原子炉の配管や制御系の地震被害状態調査によって、今後徐々に明らかになるにちがいない（この調査は現在、強い放射線によって妨げられている）。

ここでは、津波による全電源の喪失に「安全神話」がかかわっていた点に注目したい。安全神話とは、完璧なまでには安全とはいえないものを、まるで「絶対に安全である」かのように扱うことである。原発はまさにその対象であった。実際、事故を起こした原発では、「津波に強いバックアップ電源の確保」が、「もう安全なのだから」と、おろそかになった事態が批判されている。

原発事故が発生し、状況把握ができていない段階で、政府は「想定外」という言葉を使い

「事故原因は想定外の天災によるもの」と、市民に印象づけた。だが実態は、「まったくの想定外」といえるものではなかった。

じつは、千年以上前、西暦八六九年の貞観地震に伴って、巨大津波が東北太平洋岸に押し寄せていたことが、地層のボーリング調査で二〇〇五年には明らかになっていた。原発事故の七カ月前の産業技術総合研究所のレポート（『ＡＦＥＲＣ ＮＥＷＳ』№16）では、「同規模の津波が……過去に繰り返し起きていたこともわかり、近い将来に再び起きる可能性も否定できません」「過去にＭ８を超える規模の地震で３～４㎞も内陸まで浸水する大津波が襲っていたことは一般にはほとんど知られていないようです」などと、再度警鐘が鳴らされてもいた。

科学は、経験されたパターンから規則を見出すと、本書で再三述べてきた。そのため、大震災のようにめったに起きない現象は追究が難しいのだが、地層などから過去のデータが取得できれば、科学は進むのである。

安全神話は、「どんな自然災害にも耐えられる絶対安全な原発」というイメージを形成したが、科学的実態は「過去三百年間に起きたどんな自然災害にも耐えられる原発」という程度であった。千年以上前のデータが取得できたら、すぐに対応するのが科学的対応であるはずだ。それが、政治家や経営者が作り上げた安全神話が幅をきかせ、科学的な取り組みがないがしろにされたと、私は推定している。

ここでは、人々が安全神話を求めてしまう「心の働き」も背後に寄与してしまっている。安全神話は、人々に安心感を与える一方、安全性を向上させる努力を阻害する。「もう絶対安全なんだから、これ以上の対策は不要だ。また対策を重ねることは、安全でないと公言するようなものだ」という企業側の暗黙の意識が、科学的取り組みを委縮させるのである。

人々が「絶対安全などなく、絶え間のない安全性の向上こそ大切」と認識していたならば、事態は異なっていただろう。制度面でも、「原発企業は利益の一割を安全性の向上対策に支出し続けねばならない」などと決めておけば、バックアップ電源はさらに多重化されていたにちがいない。

原発事故の背後に、科学コミュニケーションの問題が存在しているように見える。こうした問題の改善を目指した取り組みが、今後一層せまられるだろう。

放射線による発がんリスク

原発事故が膨大な放射性物質をまき散らしたために、放射線による発がんリスクが身近な問題となった。10章でも取り上げたが、人間は量に関する認知が不得手な傾向があり、このリスクの理解が進まないことが社会的な不安を招いた。市民が政府に「安全か安全ではないのか」を問うても、「直ちに危険な影響があるわけではない」という回答になり、(これはこれで厳密なのだが)市民の疑心暗鬼をなおさら助長した。

科学的なものの見方は、「安全か安全ではないのか」の二者択一ではなく、どの程度のリスクがあるかを見積もり、他の選択肢とコストやリスクを含めた総利益の比較をすることである。この利益比較に際しては、個々の市民が抱えている家族や経済などの条件を加味して判断がなされる。だからこそ、政府が一様に回答を出せないのだ。

以下では、放射線による発がんリスクに関してその評価方法を深く考えてみる(これ以降の議論は「リスク」についてのものであり、安全であるかないかなどの、白黒をつける議論ではない)。

まず、放射線被曝による身体への影響には確定的影響と、確率的影響というものがある。強い放射線を浴びれば誰でも必ず死亡するというのは、確定的影響である。それに対して、発がんリスクは、同じ量の放射線を浴びても人によってがんを発症したりしなかったりするという、確率的影響に区分される。この放射線による発がんリスクについては、原爆の被害者によるデータから推測されている。

ごく大ざっぱに説明すると、年間で一〇〇〇ミリシーベルトの被曝で発がんリスクが六〇%増し、二〇〇ミリシーベルトでは一二%増しで、その中間はほぼ比例関係であった（注2）。一〇〇ミリシーベルト以下では、被曝量と発がんリスクがともに小さいため、はっきりしたデータが得られていない。かりに比例関係があるとすると、年間二〇ミリシーベルトの被曝で一・二%の増加ということになる。

さて平常時、日本人の年間被曝の上限目安は一ミリシーベルト（一〇〇〇マイクロシーベルト）と定められている。しかし原発事故後、その目安は二〇ミリシーベルトに引き上げられ、東北の被災地の避難基準になった。ちなみにこれは、場当たり的に引き上げられたのではなく、非常時の国際的対策基準にのっとった措置であった（なお、この中には自然放射線と医療用放射線は含まれていない）。ここでの論点は、この基準となった年間二〇ミリシーベルトが安全レベルといえるか、もしくはいえないかである。

ひとつには、人間には放射線の影響をとり除く生命維持機能があるので、年間二〇ミリシーベルト程度の放射線は無視してよい（発がんリスクは増加しない）、といった楽観的主張がある。確かに、人間は自然放射線によって年間約二・四ミリシーベルト被曝しており、大気の薄い上空を頻繁に飛ぶパイロットの被曝は宇宙線などの影響で、その倍以上になる。また、医療でX線CT検査を受ければ一回で最低五ミリシーベルト程度の被曝にはなる。二〇ミリシーベルト程度は問題になる量ではないという判断は理解できる。

もうひとつは逆に、年間二〇ミリシーベルト程度の放射線であっても発がんリスクはわずかに増加しているという、悲観的主張である。さらに、数年から数十年におよぶ長期間の被曝に対しては、そのリスクが累積するとも考えられる。原爆による被曝の多くは終戦の年に起きた一年以内の被曝であるが、原発事故による長年にわたる被曝は「累積で考える必要がある」という指摘である。それに、誤って放射性物質に汚染された食品を食べた結果、体内被曝が続いており、それが上のせ被曝になっているかもしれない（とはいえ、食品汚染や体内被曝はおおよそ測定機器でチェックできるし、そもそも野菜や果物には微量の放射性物質が含まれている）。

対立した二つの主張は、厳密にいえばデータがない以上、どちらが正しいか判別が難しい（私自身は生物の生命維持機能は高いと考えており、前者の楽観的主張を支持している）。ここでは、よりリスクの高い悲観的主張を想定し、それにもとづいて最大最悪の事態を推定してみよう。年間二〇ミリシーベルトがかりに累積し続けるとすれば、五十年で一〇〇〇ミリシーベルトに達し、発がんリスクは一・六倍となる。では、果たしてこのリスクに対し、どういう評価をすればよいだろうか。

発がん性に関していえば、たとえば、喫煙者は非喫煙者に比べて発がんリスクが一・六倍になるとされている（喫煙量やがんの発生部位によって数字は異なるが、おおまかな指標として捉えてほしい）。また、習慣的な大量飲酒や塩分食品の多食でも同程度にリスクが上昇する。つまり、最大最悪の悲観的主張であっても、そのリスクの大きさは、喫煙か飲酒に相当するくらいだということである。

これを大きいと見るか、それとも小さいと見るかは、個人の事情によるだろう。つまり、放射線のリスクを避けるよりも、人によっては禁酒・禁煙のほうが効果的なわけだ。さらに、平均余命が五十年以上も残っていない年齢の人にとっては、最悪でもリスクは飲酒または喫煙未満であり、快適に住み続けることに意義があるという判断はしごく妥当となる。

このような推定をしたうえで、各自の事情を勘案してリスクは比較評価され、最終的に個人の行動が選択されるべきである。だが前述したように、人間は往々にしてこのようなリスク評価を上手に行えないのである。

ラジウムの放射線は身体にいい？

前節では、年間二〇ミリシーベルトの放射線が、人体に悪影響があるという主張と、影響はないとする主張を比較検討した。ところがなんと、「微量の放射線は人体にむしろ良い影響を及ぼす」という、驚きの仮説もあるのだ。

この仮説は**「ホルミシス効果」**と呼ばれ、微量の放射線が、人体の生命維持機能を刺激して、健康の増進をもたらすとしている。この主張によると、年間二〇ミリシーベルトの放射線も、その「微量」の範疇（はんちゅう）に入るとされている。そしてこれが、ラドン温泉やラジウム温泉の入浴効果の理論的根拠にもなっている。

温泉の効果には疑似科学が多くひそんでいるので、ラドン温泉やラジウム温泉に伝承された効果を説明する仮説として、ホルミシス効果が考え出されたのかもしれない。ともあれ、前節の悲観的主張にもとづくと、活発な放射線のある温泉地帯に長期滞在するのはリスクが伴うといえるので、熟慮したうえで行動を判断してほしい。

ここで、温泉効果について検討しておこう。湯につかれば血行が良くなるので、温泉に健康増進効果があるのは確かだろう。しかし、この温泉が糖尿病に効くとか、あの温泉はリウマチに効くとかは、伝説の類だといえる。そうした効能書きは普通、きちんとした臨床試験のうえで許可されるものであるが、温泉については、古くから伝えられたものとして規制をまぬがれてきたようだ。

現代では、家庭で気軽に入浴できるようになったのだから、比較対象も改めて考えねばならない。温泉につかった場合の効果を、ただのお湯につかった場合と比較すれば、温泉の効果が大きいかどうかは実験できる。さらには、入浴剤が安価に手に入るようになってきたので、入浴剤入りのお湯につかった場合とも比較できるだろう。科学的に効果・効能をうたうには、こうした比較実験データが必要なのだが、温泉の効果はデータなしに語られているのが実情だ。

近年ラジウム温泉に似た、ゲルマニウム温浴というのが流行している。ゲルマニウム化合物を溶かした湯に手足をつける入浴方法である。ところが、ゲルマニウムは放射線を放出しないので、ホルミシス効果はあてはまらない。その他にも、ゲルマニウムの効果を支持する仮説はないし、効果を示すデータもない。だから、ゲルマニウム関連商品は、ホルミシス効果も比較にならないくらいの、まったくの疑似科学である（注3）。

ゲルマニウムをうたう商品やサービスを提供している事業者に、効果についての認識や実験データの有無についてアンケートをとったことがある。その結果によると、「ゲルマニウムに効果があるというので、粉末を購入してプラスチックに練り込んで、ゲルマニウム・ブレスレットとして販売している」といった率直な回答が相次いだ。事業者自身も疑似科学にだまされて商売をしているのが実態なのである。

推測するに、販売事業者にゲルマニウム粉末を売り込んだ別の事業者が、疑似科学を弄したのだろう。先に紹介した景品表示法などは、消費者保護の法律なので、売り先が事業者の場合は適用されない。事業者も巻き込んだ科学コミュニケーションの枠組みが必要だと痛感している。

自然だからいいわけではない

ホルミシス効果を主張する人々の一部は、鉱石から出る天然の放射線は身体に良く、原発から放出された人工の放射線は身体に悪いという主張をする。科学的には、どちらも原子核の崩壊による同種の放射線発生なので、区別がつくはずがない。もし区別して認知できるということになれば、それこそ科学的な大発見であるが、主張者が識別実験に協力してくれることは残念ながらない。

他にもパワーストーンや有機農業の信奉者に、自然が良く人工は悪いという主張がしばしば見られる。それをいうなら、現在私たちが食べている野菜のほとんどは、長年人工的に品種改良を重ねて、毒を減らし栄養を増やした優秀な品種なのだが、これらが果たして自然なのか人工なのか、もはやよくわからない。

自然が良く人工は悪いという主張は、化学物質過敏症に由来しているとも推測できる。たとえばプラスチックや塗料などの、自然環境にはあまりない物質にアレルギー反応を起こす人が、個人的事情からそのような主張に傾いたのかもしれない。私などはその反対で花粉症だから、自然環境に行くと（行くのは好きなのだが）むしろアレルギー反応がひどくなる。

自然が良いという傾向が強くなっていくと、目に見えない人工物すら気になってくる。携帯電話や電線から発せられる電磁波（いわゆる電波）が人体に有害であると主張する、電磁波有害説である。

確かに、電線の近くや電波の比較的強いところで、頭痛などが起きると訴える人がおり、それは電磁波過敏症と命名されている。その一方で、行政は人体に影響があるレベルの電磁波は環境から排除できていると見なしており、電磁波過敏症は実のところ、心身症などの精神疾患に由来するものだとも推測されている。そのため、電磁波有害説についても、疑似科学のレッテルを貼られがちだ。

しかし電磁波過敏症は、化学物質過敏症に類似した特別なアレルギー反応の可能性もある。電磁波過敏症らしき症状に悩んでいる人々が、現に一定数存在する以上、原因究明が望まれる課題である。

疑似科学評定サイトでは、「安全性に関する言説」として「電磁波有害説」と「牛乳有害説」が取り上げられている。それらの過剰な有害論の実態だけを見れば疑似科学に相当するだろう。しかし、過敏症の症状を訴える人々を考慮すると、牛乳は自らの意志で飲まないようにすることもできるが、現代社会で電磁波を浴びないように暮らすのは実質的に困難だ。

つまり、電磁波有害説を疑似科学だと断定すると、電磁波過敏症に悩んでいる人々を苦しめかねない。その実態が心身症であるなら、なおさらだ。そのため、予防原則にのっとって、電磁波有害説の疑似科学性については「判断留保」とされている。こうした予防原則の考え方は、放射線に関する国際標準としての措置でもよく見られる。

人間にかかわる科学では、このように個人的な事情が多様であることが、科学的研究や疑似科学評定を難しくしており、結果として詳細の究明も遅れることになる。放射線も人によって耐性が強かったり弱かったりするので、正確にはそのリスクも個人によって異なる。個人差については、今後とも辛抱強い研究が期待される。

ＥＭ菌が核反応を起こす？

最後に、放射性物質の除染にまつわって注目された疑似科学、「ＥＭ菌」について触れておこう。提唱者によれば、ＥＭとは「Effective Micro-organisms（有用微生物群）」の頭文字をとったもので、数十種類の有用な微生物を培養し、安定的に活動できるようにしたものということ。

ＥＭ菌は当初、農業用の土壌改善の目的に使われていたが、近年では、環境浄化や健康増進と応用範囲を広げており、原発事故以降は、放射性物質の除去にも使えるとされてきた。11章でも触れた、当初は問題のないところから始まるが、次第に根拠なく膨れ上がる疑似科学効果の典型例である（注４）。

放射性物質の除去は、科学の知見からすれば怪しい主張であると、すぐにわかる。まず、

「ＥＭ菌が放射性物質から放射線が出ないようにする」という主張であれば、奇妙な先端的仮説である。生物が原子核レベルの核反応を操作できることになり、これまで知られていない画期的な現象だからだ。かりにそうであれば、核反応で爆発したり放射線を出したりする懸念さえある。

生物が制御する生体反応は、原子や分子レベルの化学反応だけであり、原子核レベルの反応はない。それは、錬金術の時代こそ知られていなかったが、今や生物学や物理学の前提知識となっている。

次に、「ＥＭ菌が放射線を出している化合物を選択的に食べる」という主張である場合、矛盾のある仮説になる。なぜなら、放射線を出している化合物を食べても、こんどはＥＭ菌の体内から放射線が出ることになり、結局のところ除染にはならない。もし選択的に食べたあとのＥＭ菌を集めて、どこか安全なところに捨てられるのであれば、除染に使える。この場合は、ＥＭ菌を回収する技術を示さねばならないが、その説明はない。

どちらの主張にせよ、放射性物質の除去が可能という仮説は疑似科学だ。しかも、高校レベルの理科を学んでいれば、疑問をもつはずの仮説である。それにもかかわらず、学校や自治体でＥＭ菌を導入する事例が相次いで、運動場などの除染が試みられた。

放射線は測定ができるので、除染ができたかどうかは判定ができる。どれくらいの面積にどの程度の量のＥＭ菌をまけば、どの程度の放射線が軽減できるのかを文書で約束し、軽減されなければ支払いはしないと契約したうえで、自治体も導入すべきだっただろう。

このように結果が量的にはっきりわかる現象については、ふつう疑似科学は蔓延しない。ＥＭ菌除染も一過性の流行現象となるはずだが、どうだろうか。

注１　このような原発同士を比較する考え方が重要である。この点については大前研一『原発再稼働「最後の条件」――「福島第一」事故検証プロジェクト最終報告書』（小学館）を参照されたい。

注２　原子放射線の影響に関する国連科学委員会（ＵＮＳＣＥＡＲ）の報告（一九九三）を参考にした。

注３　ゲルマニウムや温泉の実態について詳しくは、疑似科学評定サイトの「ゲルマニウム」「温泉」の項目を参照されたい。

注４　ＥＭ菌の実態について詳しくは、疑似科学評定サイトの「ＥＭ菌」の項目を参照されたい。

13章 疑似科学がはびこる「性格判断」

なぜ性格を知りたがるのか

人間の本性については、すでに5章で詳しく述べた。本章では、その本性を質問紙テストで判断する方法の、疑似科学度合いについて検討する。ちまたで流行している心理テストの類は、ほとんどが疑似科学の疑いが濃厚のしろものである。性格を判断したいなどの人々からの要求が強く、疑似科学ビジネスが横行し、科学的取り組みが埋没している。

その背景を探るために、ここではまず、私たちがなぜ性格などの心理特性を知りたがるのかを考える。狩猟採集時代の祖先は、一〇〇人くらいの小集団で自給自足の生活をしていたと、序章で述べた。その生活では、たとえば大きな獲物の狩りをするうえで、人々の協力が不可欠であった。大型動物を追いたてる人、待ち伏せする人などの分担と、その分担を指示するリーダーの割当がなされた。

個人の役割は、それぞれの強みを活かして決めるのが効果的だ。人々との会話を好む外向的人物には、内的な世界で想像をめぐらすのが好きな内向的人物には、やりなどの道具作りをまかせ、リーダーをまかせればよい。だから協力集団内では、互いに誰が何に向くか知っておきたい気持ちが意味をもつ。現代社会でいえば、社内の適材適所を目指す人事の仕事に相当する。

ここまでは、他者の性格を知りたいという観点からの検討であったが、それに加え個々人のレベルでも、自分の性格を知りたいと願う気持ちがある。その背景には、自分が何に向くかを知って、適切な仕事を担って活躍したいという欲求がひそんでいる。

さて、5章（106ページ）で、性格が遺伝情報によって生得的に決まる割合は、双子研究によって三から四割と推定されていると述べた（なお、平均的割合であるので、それ以上に生得的に決定されているという人や、生得性がずっと低く柔軟に性格が変わるという人もいる）。

ということは、約六割は生育環境や経験によって変化するわけである。果たして、変化しうる性格を知ることに、どの程度の意味があるのだろうか。

現に、私がアメリカで生活していたときは、自分でも自己主張が強くなっていることが自覚できた。ときには攻撃的な雰囲気で権利を要求しないと、相手にもされないことがアメリカではよくあるので、自然とそうなってしまったのだ。今では、英作文をしようとするだけで気持ちが切り替わるような気がしている。

つまり、性格の多くの部分は環境によって変わるのである。企業の人事は、現在の環境における性格だけでなく、将来の環境における性格も推測し、適材適所に努めねばならないだろう。

このような性格の潜在的可能性まで含めると、質問紙によるテストには、かなりの限界があるとわかる。「あなたは人と会話することが好きですか?」という質問に「はい・いいえ」で回答していく形式で判明する範囲は、ごく限られている。人と雑談することはきらいだが、スポーツの話題でチームの戦略を議論することは好きな人は、どちらを答えるべきなのだろうか。質問紙テストでは、潜在的可能性までは発掘できそうにない。

狩猟採集時代は、ひとつのコミュニティでほとんど一生すごしていたので、特定の環境における性格を知るだけでこと足りていた。ところが現代は、複数のコミュニティに同時に所属することが一般的になっている。こちらのグループではリーダーを務める人が、あちらのグループに行くと他の有力なリーダーに従って参謀を務める、なんてこともある。

環境に応じていろいろな性格を使い分けることが普通になったとすると、性格判断をしても大した意味はないだろう。自分の潜在的可能性を探るには、いろいろなコミュニティに所属してみて、実践で見出すのが一番である。

性格診断テストの問題点

コンサルタントのティーガー夫妻が推進して、一時日本でも流行した「一六の性格」を例にとって性格診断ビジネスの問題点を見ていこう(注1)。一六の性格とは、内向―外向、感覚―直観、思考―情緒、柔軟―決断の四軸で性格を分類し、それを二×二×二×二＝一六のタイプに分類する方法である。

この方法では、一六タイプのそれぞれに対して、どんな性格の人かが描写される。また、各タイプの人に対して応対するには、何に気をつける必要があるかも解説されている。世の

図3　現実の性格型の人数分布

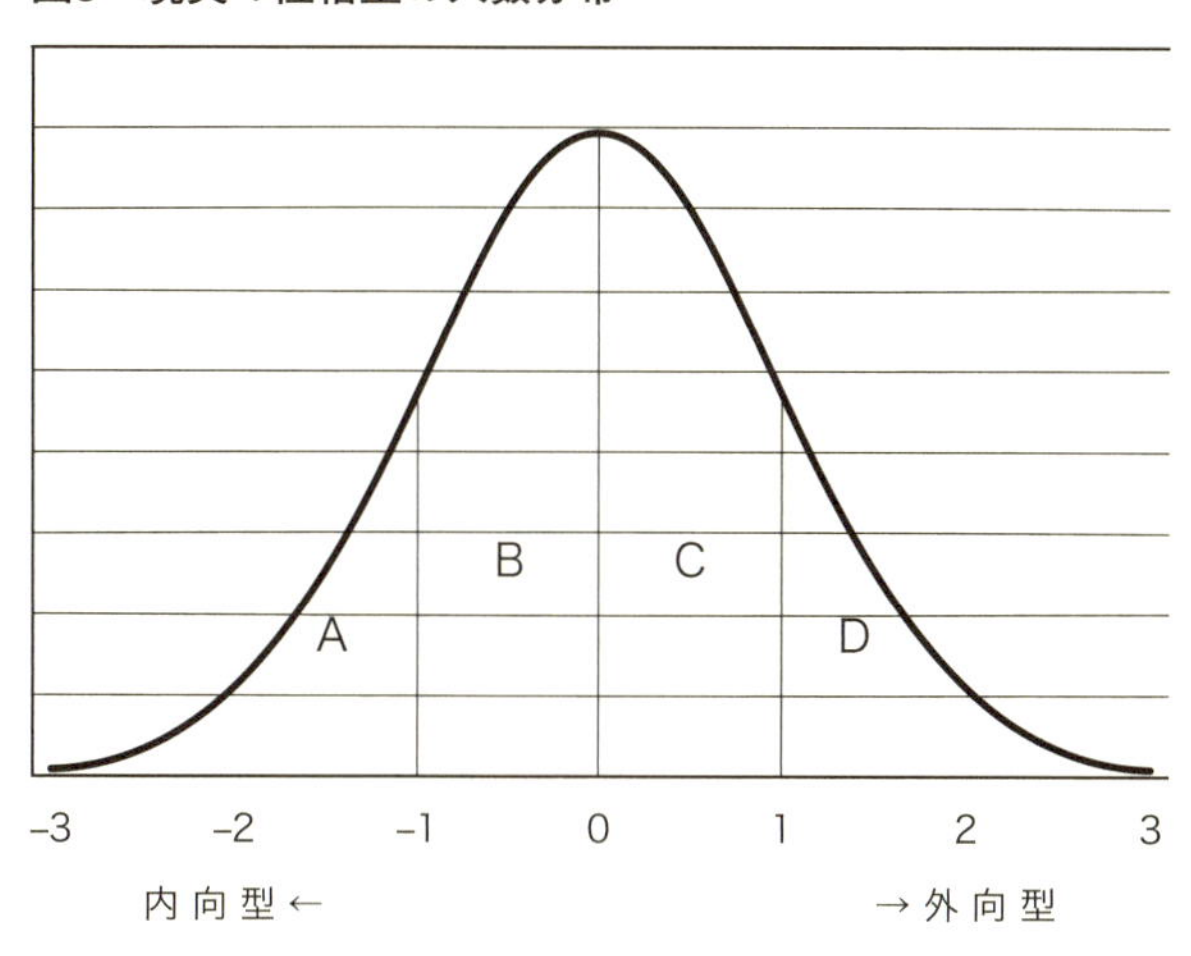

中には多様な人々がいると認識し、なじみのない性格の人とコミュニケーションをとるとき、どんなことに注意すべきかを考えるうえでは、確かに役に立つ。

しかし、個人が質問に答えるだけで、その人がどの性格タイプにあるかが診断できるとすれば、かなり問題がある。人は（質問によって）そう簡単に区別できないのだ。たとえば内向型か外向型かで十数個の質問に答えると、一般的に図3のような釣鐘形の分布になる。図の中央の山部分（B、C）には、全体の三分の二の人々が集中する。

山部分には、内向型か外向型かどちらともつかない人や、場合によってどちらにもなりうる人などが位置する。そのうえ、質問に答えると

図4　理想的な性格型の人数分布

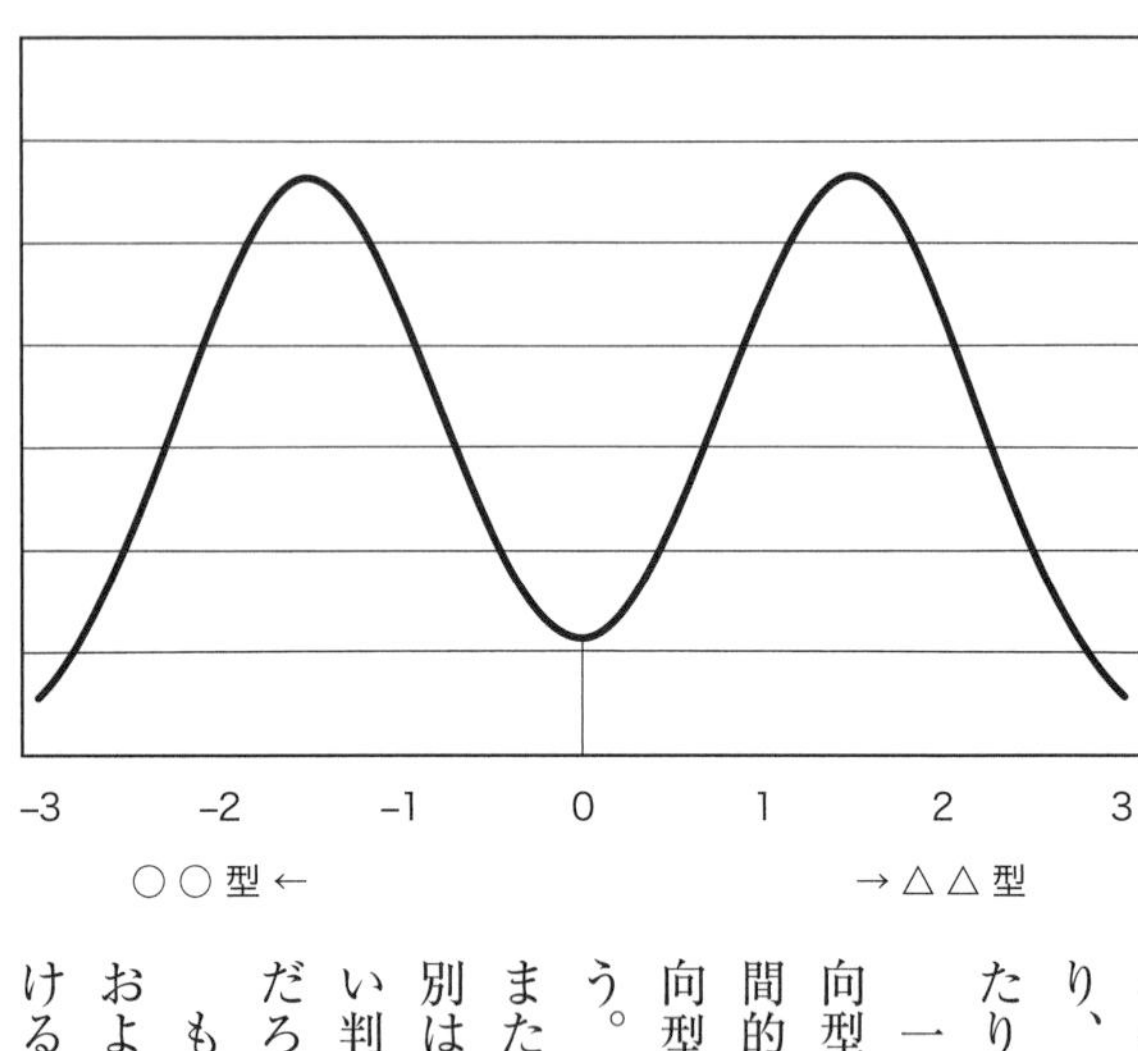

きや場所によって、回答が揺れるのだ。つまり、あるときBの位置だった人が次はCに移ったり、その逆が起きたりする。

　一六性格では、A、Bは内向型、C、Dは外向型ときっちり二分するのだが、それでは、中間的な人はそのときの回答傾向で、たまたま内向型になったり、外向型になったりしてしまう。それをさらに三軸（計四軸）で行えば、たまたまの誤差は別の軸でも発生し、不本意な区別は輪をかけて大きくなる。こんな誤差の大きい判定で人間をグループ分けしても意味がないだろう。

　もし、性格の型がそもそも図4のように、おおよそ分離して分布していたならば、中央で分けることに意義がある。ところが、性格の型自体が明確な概念ではないことと、質問紙テストの限界があいまって、現実は図3のようになってしまうのである。次節で紹介する、現在もっとも定評のある性格のテスト法「主要5因子」では、Aだけを内向型、Dだけを外向型とし、BとCは中間型として扱っている(注2)。

余談になるが、学校の入学試験の点数分布も、図4のようになっているのが理想的である。合格すべき人と、不合格になるべき人が、ふたつの山に分かれていれば、谷部分で合否判定できる。理論的には、過去のデータにもとづいて、合格すべき人が解け、不合格になるべき人が解けない問題を多数並べて出題すれば、図4のようになるはずである。

ところが、毎年志願者の傾向が変動するので、理想通りにはいかない。どうしても図3のように点数分布してしまう。すると、合否のボーダーが山の上のほうになり、誤差が大きくなる。「試験は水もの」といわれるが、ボーダー付近に限っては、くじ引きのような状態になるのはやむをえないのである。

質問紙で人をふるいにかけてよいのか

前節では、性格診断テストの問題を述べたが、心理学(この分野はとくに「人格心理学」と呼ばれる。この場合の「人格」とは「性格」の学術用語だと思ってよい）が、市民が要求するような成果をあげていない、ということに、問題の背景がある。これは、再三述べているように、人間の科学が難しくてなかなか進まないのに対して、市民が要求するレベルが高すぎることが影響している。

理想をいえば、心理学研究が良質な性格検査（性格を判断する心理テスト）を開発し、企業の人事で活用されるのが、科学本来のあり方である。ところが、この性格検査の研究成果自体が先端的科学であり、揺らいでいるのだ。科学的成果としての性格検査が揺らげば、それを活用する人事コンサルタントも、適当なものに手を出し、勧められた企業にも疑似科学が蔓延することになる。

この方法はおかしいと企業が気づきそうなものだが、期待した性格のはずの社員が期待通りの活躍をしなくとも「もっと期待外れの社員は排除できた」とコンサルタントに主張されてしまえば否定できない。これは、採用した社員の活躍度合いを、採用しなかった社員と比較することができない（採用しなかった社員は社内にいないので）からだ。一企業では、科学的な検証ができなくても、仕方がない状態なのである。

私が学生の頃、心理学分野では多項目の性格検査が流行していた。アメリカで開発され、数百項目ほどの質問にえんえんと「はい・いいえ」で答えていく膨大な質問紙テストだ。中には、すぐには答えられない難解な質問も多数あるので、真面目に取り組むと一時間以上かかり、最後のほうになると嫌気がさしてくる(注3)。

回答結果に所定の集計をかけると、十数個の性格型に関して、それぞれの特徴がグラフ表示の形で判定される。私自身もやってみたし、多数の友人にもやってもらった。判定グラフを見ると、「性格が分析できた」という格好よさがあった。ところが、それぞれの判定項目を細かく見ると、これはどうみても外れていると思う項目があった。自分で回答したのに「外れている」というのは奇妙であるが、まるで占いのような感じだったのだ。

その後の心理学研究では、多項目の性格検査の膨大な回答データが統計処理され、(質問紙テストで)判別可能な性格型はせいぜい5つまでだと判明した。多項目の性格検査で出てくる十数個の性格型の、半分以上の判定結果は信用のおけないものだったのだ(厳密には、他の性格型に従属しているものも含まれている)。

その成果を受けて一九八〇年代から徐々に確立されてきた、現在の主要5因子性格検査法では、外向性、協調性、良識性、情緒安定性、知的好奇心(開放性ともいう)の五軸で判断している。

一六の性格では、内向―外向、感覚―直観、思考―情緒、柔軟―決断の四軸で類別していたが、これは深層心理学者カール・ユングが古くに提唱した方法をもとにしている(注4)。主要5因子と比較して見ると、最初の内向―外向と主要5因子の外向性は合致しているが、他の三つはあまり合致していないように見える。柔軟―決断に至っては、性格というよりは、時と場合によって異なる「行動傾向」である可能性が指摘できる。にもかかわらず、この性格分類法は、(現在も人材採用によく使われている)SPI総合検査という試験の初期のものにも導入されていたのだ。

つまり、質問紙テストによる性格の検査方法は発展途上の研究分野であったのだが、その「成果」とされるものを、早々と実用に供してしまったがために、質が十分でない性格診断が普及したのだ。それが十分でない中で、現場でより良いものを求めた(科学的研究ではない)ビジネスが、さらに問題のある性格診断の方法を再生産し、疑似科学の蔓延状態をつくったと分析できる。

発展途上の研究分野については、やみくもに成果を応用しないというのが、疑似科学の蔓延を防ぐ鉄則だといえよう。

効果が実証されているのは認知行動療法

心理学の他の分野にも、疑似科学の疑いのあるものが及んでいる。臨床心理学では、クライアント（心理的問題を訴える来談者）が抱える問題の背景をあぶりだす方法として、伝統的にいくつかの心理査定法（クライアントの心理状態の測定法）が知られていた。その中でも代表的なものが、ロールシャッハと呼ばれる査定法である。

ロールシャッハでは、二つ折りした紙の内側にインクをたらしたのちに開いてできた、左右対称のインクのしみを使う。そのインクパターンから連想されるものをクライアントに問うことによって、心の内部の問題が顕わになるとされた。連想された回答の解釈には膨大な規則集があり、その活用の仕方については、いくつかの流派さえがある。

一九八〇年代から、それまで伝統的に伝えられてきたロールシャッハの効果が客観的に評価されるようになった。たとえば、犯罪者などで顕わな問題を抱えている人々のロールシャッハ応答記録を、査定の専門家に見せて、その記録だけで応答者の問題背景を推測させた。その結果、査定はほとんど当たっていないことが示された（注5）。

ロールシャッハテスト　写真提供　ユニフォトプレス

医学的な測定については、血液検査、断層撮影、細胞診など多数あるが、それぞれの測定で何が検査され、それが疾病とどのような関係になっているかがデータによって示されている。もちろん、正確な関係はわかっていないことも多くあるが、その場合は、その不正確さがどの程度であるかが明瞭になっている。

同様に、臨床心理で使われる査定法の場合も、推測結果が実際の心理的問題にどの程度合致するか、データによる検証が必要なはずだ。リリエンフェルドらは、ロールシャッハをはじめとした査定法の実績を精査して、査定法だけで心理的問題の根源を探って対処しようとする療法については、効果があがっているデータが十分にないと指摘した（注6）。

一方で、一定の効果が見られるのは、問題の根源を探らない認知行動療法であった。たとえば、学校に行けなくなった子どもに対して、なぜ行けなくなったかはあまり詮索せずに、学校についてのイメージを「良いところ」に変えるような意味づけをしたり（認知療法）、学校に近づけるような行動を少しずつ促したり（行動療法）すれば、実際に不登校を改善できることが、データで明らかになっていった。

人間この複雑なもの

リリエンフェルドらの先の分析によると、心理療法の技能は大学院生として訓練を受けている期間は上昇するが、現場で事例を積み重ねる段階では、（平均して）頭打ちになることが、さらに指摘されている。現場での多様な事例に直面し、新しい方法を生み出しながら柔軟に対応できる療法家は技能をアップさせている一方で、うまくいった前例にこだわって同じようなやり方に固執する療法家は技能を低下させているのだろう。

そもそも人間が抱えた心理的問題を対話によって改善するというのは、かなり挑戦的課題だ。人間の心理の複雑さから考えれば、無謀な試みに近いともいえよう。人間を機械と比較すると、これがよく実感できる。

個人的な経験談になるが、私は大学院を出てすぐの仕事で、放送用の文字図形発生装置のシステム開発を行っていた。もう三十年ほど前になるが、日本テレビ系列で放送された野球中継で導入された、業界初のカラーのカウント表示や打率表示は、私が中心になって開発したシステムの成果である。この装置は、人間の背の高さほどの大きさがあったが、人間から見ればごく単純な機能しかない。

ところが、全体を組み立てたのちに部品の不良や故障が発生すると、その異常をつきとめて修理するのにたいへん苦労した。設計者である私は、数千個の部品とその役割をすべて知っていたが、異常（とくに複数部分に同時に起きたもの）はしばしば思わぬ挙動を起こし、特定は至難の業であった。どうしようもなくなったら最後の手段として、正常に動いているシステムと順番にユニットを入れ替え、動作が変化したときに入れ替えたユニットのどこかが故障していると、うまく当たりをつけるようにした。

人間より単純であり、それも内部がすべてわかっていても、異常の修理はこれほどたいへんであるという経験をもとにすると、内部がわからない複雑な人間に対処することは、気が遠くなりそうな難題だ。人間の場合、ユニットを交換するわけにもいかないのである。

心理療法の一般的な知識や基本技能は学生時代に身につけることができ、資格を得ることも可能だが、問題はその後である。高度な技能を培って熟練した療法家になったならば、その実績が公明正大にチェックできるようにしておかねばならない。そうでなければ、技能の伝承がままならないし、疑似科学の侵入も許してしまう。

資格ビジネスの誘惑に対抗するには

熟練した療法家になるには、資格取得は必要とされる条件であるが、それだけでは十分ではないといえるだろう。考えてみれば、資格取得が必要な仕事のほとんどにおいて、資格取得はほんの入門段階にすぎないのだ。にもかかわらず、仕事を目指すのではなく、資格を目指す人々がいる。それにつけこむのが資格ビジネスである。

ほとんど仕事につながらない民間資格を作り出し、受験料、認定料、教育受講料で稼ぐ資格ビジネスがある。それに「学会」が利用されることもあるし、その正当化に疑似科学が使われる場合も多い。裏側がわからなければ、資格に権威を感じてはまりこむ人も少なくない。

そもそも資格は社会的にどのような意義をもつかを確認しておこう。たとえば、小学校の教員が学習指導要領そっちのけで、小学生に『水からの伝言』（11章参照）を教えていたら問題だろう。小学生ぐらいの子どもたちは教員のいうことを基本的に信じてしまうため、なおさらだ。そのため、教員が「教えること」に一定の制限をかけることにも意味がある。つまり、小学校の教員免許は、教員の最低限度の倫理的行動をコントロールするためのものといえるのだ。「不祥事が続くと免許を剝奪（はくだつ）しますよ」という可能性が、職業倫理の維持に一役買うのである。

このように、資格に関する社会の仕組みを理解しておくことで、資格ビジネスの誘惑に対抗できる。疑似科学信奉も、科学が社会的な営みであることの認識によって防止できる面がある。これについては、次の終章で再度触れる。

注1　ポール・D・ティーガー／バーバラ・バロン『あなたの天職がわかる16の性格』（主婦の友社）などの邦訳が出ている。

注2　主要5因子検査法の理解には、村上宣寛／村上千恵子『主要5因子性格検査ハンドブック――性格測定の基礎から主要5因子の世界へ（改訂版）』（学芸図書）が最適である。

注3　当時の私が使っていたのは、「カリフォルニア人格検査（CPI）」と呼ばれるものだったが、四八〇の質問の中には「私は徳川家康の方が豊臣秀吉より偉かったと思う。」などの、非常に答えにくい質問が散見された。我妻洋ほか『カリフォルニア人格検査CPI——日本版実施手引』（誠信書房）を見ると、日本版による統計処理結果は掲載されておらず、加えてこの検査の妥当性の評価は簡単ではないとまで解説されていた。今思うと、使用するべきではなかったと反省している。

注4　この「一六の性格」の源は、「MBTI」と呼ばれる16タイプ分類の性格検査法である。その専門書であるイザベル・B・マイヤーズ『MBTIタイプ入門（第5版）』（金子書房）を見ると、テストによってひとつのタイプが判定されても誤判定の恐れが残ると、注意喚起がなされている。そして、別のタイプの特徴を読んでそちらのほうがしっくりくるなら、そちらが本来のタイプだろうと、テストの限界を認識した柔軟な対応を求めている。人材採用に使えるような性格診断ではないことは、本来明白だったのである。

注5　この点については、村上宣寛『心理テストはウソでした』（講談社＋α文庫）に詳述されている。

注6　これについては、S・O・リリエンフェルドほか編『臨床心理学における科学と疑似科学』（北大路書房）を参照されたい。

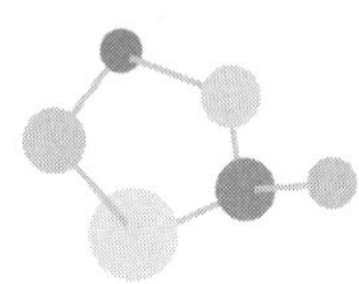

終章

疑似科学を見分ける

怪しい科学をいかにして排除するか

いよいよこれが最終章で、本書の大詰めとなる。これまで議論してきた内容をまとめながら、疑似科学を見分ける方法を明らかにしたい。

読者はたぶん、「科学と疑似科学は接近していて、意外に見分けるのが難しい」と思いつつあるだろう。それは正しい把握である。科学哲学（科学の寄って立つ基盤を議論する哲学）の分野では長年、「ここからが科学だ」と、科学と科学でないものの間に「しっかりした線引きをすること」を試みてきたが、そういった**「境界設定問題」**はうまく解決できていない（注1）。

実態は、「かなりちゃんとした科学」と「まったく科学でないもの」の中間に広大なグレー領域があり、そこに科学とも疑似科学ともつかない（あるいはどちらともいえる）ものが位置しているのである。だから、疑似科学を見分けるための訓練は、「科学に近い」か「疑似科学に近い」か、そのグレーの度合いをおしはかる目を養うことが目標になる。

これを目指して、初めに疑似科学の方向から見ていこう。物理学者の池内了（さとる）は、疑似科学を三つのタイプに分けている（注2）。このタイプごとに疑似科学への対処方法を考えることができる。

第一種疑似科学：占いや心霊主義など、精神世界に端を発したものが、物質世界とかかわり、科学的装いをまとったもの。

第二種疑似科学：サプリメントや性格診断のように、根拠のない「科学的効果」をもとにビジネスをするもの。

第三種疑似科学：異常気象や地震予知、政策の効果や経済変動など、複雑であるがゆえに科学的に究明しにくい現象を、あたかも原因がしっかりわかっているかのように自説を展開するもの。

第一種疑似科学に対応するには、宗教的なことと物質的なことを分けるとよいだろう。7章で触れた、進化論と宗教的教義の矛盾を例に考えてみる。アメリカの生物学者の多くはキリスト教徒なので、そうした人と気心が知れるようになったら、その矛盾にどう対応しているかを、私は尋ねるようにしていた。すると総じて、日曜日はキリスト教徒だが平日は生物学者であるという趣旨の回答が返ってくるのだ。まさにこれこそが、疑似科学信奉に陥らないための知恵だと思える。

宗教は科学を目指していないと前に述べた（4章96ページ参照）。精神世界にとどまっている限りでは、市民の道徳観念の向上など、宗教には社会的利益があるのだ。それが、幸運の壺とか除霊のお守りとかに具体化されてくると、危険性を帯びてくる。物質世界とかかわって科学的装いが見られたら、背後には悪徳商法が隠れているにちがいない。第一種疑似科学の排除には、日常直面する物質世界と、宗教的精神世界を切り離しておくことだ。

第二種疑似科学に対応するには、科学の限界を知り、科学に多くを求めないのがよいだろう。インターネットや情報機器などの物の科学はたいへんな進歩を遂げたが、人間の科学はまだまだである。だから、人間の心理が知りたいとか、自分の健康を維持したいとかという